最新 EndNote 活用ガイド
デジタル文献整理術
第7版

讃岐美智義 著

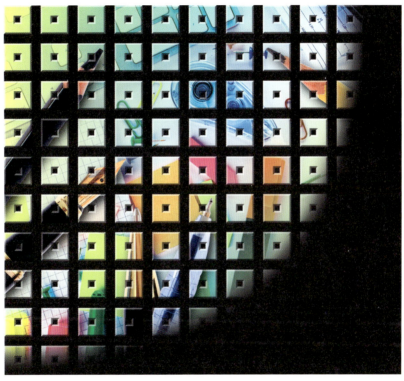

THE ARRANGEMENT WAY OF DIGITAL REFERENCE

克誠堂出版

■本書に記載された内容に関して，操作などのサポートは一切行っていません。本書を使用して発生したいかなる損害にも著者（作者）および克誠堂出版は責任を負わないものとします（各自の責任でご使用をお願いします）。
■本書の内容と関わりのない EndNote の操作に関する質問には一切お答えできません。
■本書の内容を許可なくその一部または全部を転載，改編，転用して使用することを一切禁じます。

EndNote は THOMSON REUTERS 社の登録商標です。
Excel, Word, Internet Explorer, Microsoft, MS-DOS, Windows は Microsoft Corporation の米国およびその他の国における登録商標です。
Apple, Machintosh, Mac OS は Apple, Inc. の米国およびその他の国における登録商標です。
FileMaker, ファイルメーカーは FileMaker, Inc. の登録商標です。
Adobe, Adobe ロゴ, Acrobat, Adobe Reader は Adobe Systems Inc.（アドビ システムズ社）の登録商標です。
秀丸エディタはサイトー企画の商標または登録商標です。
EmEditor はエムソフトの商標または登録商標です。
その他本書に掲載されている会社名，ブランド名および製品名は個々の所有者の登録商標または商標です。

本書に記載の URL，製品名などは 2017 年 8 月現在のものです。これらは変更される可能性がありますが，その際にはご容赦ください。

はじめに

　インターネットの普及によって情報収集の多くをWebで行うことが可能になりました。文献検索も例外ではなく，自宅のパソコンから行うことができます。インターネット上にはMEDLINEの無料文献検索サイトがあり，日本語文献検索においても医学中央雑誌が利用できるようになりました。また，英文の有名雑誌ではフルテキスト（文献そのもの）までが，インターネット上で得られるようになってきています。このような時代となり，自分のコンピュータ上で抄録やフルテキストを集めて整理をすることは大変簡単にできるはずですが，それらを結び付ける方法を体系だって説明する本はこれまでにはありませんでした。筆者も，そのような本をずっと探していましたが，残念ながらこれまでに出会っていません。

　大学院生の頃から文献の整理に困り，何とかしようと試行錯誤の末，EndNoteというソフトウエアに出会いました。日本語文献の取り込みが不十分であったため，EndNoteに日本語文献の検索結果を取り込めるように自作のソフトウエアまで作成しました。それ以来EndNoteを使い文献を整理してきましたが，フルテキストを管理できないことが不満でした。2001年に発売されたVersion 5からは，EndNoteの1つ1つのレコードから任意のファイルへのリンクが可能になったため，フルテキストも管理できるソフトウエアになりました。そこで，新しいEndNoteを活用して文献検索から整理・活用までの方法を，ユーザーの立場からまとめてみようと，初版を執筆したのが2003年です。当時はVersion7が最新版でしたが，2017年現在，Version X8が発売されています。さらに，数年前からEndNote Webが登場し，いっそうネットワーク上での文献管理は，容易になっています。2011年に発売されたX5バージョンでは，PDFビューアーがビルトインされ，書誌事項と全文PDFをならべて見ることができるようになりました。さらに，2013年からはEndNote for iPadも低価格で提供されました。2016年には，現バージョンがリリースされPubMedのオンラインサーチが実現し，クラウド時代の文献データベースとして完成度を高めました。

　本書はマニュアルではなくユーザーの立場から要点をまとめたガイドです。筆者のオリジナリティーを加え，わかりやすさに重点を置いたため，本来のマニュアルとは異なると自負しています。ぜひ，手元に置いてEndNoteに精通してください。きっとEndNoteと出会ったときの筆者の感動が味わえると思います。

最新 EndNote 活用ガイド デジタル文献整理術
──CONTENTS──

第1章 EndNoteについて ... 1

- **1** EndNoteとは ... 2
- **2** EndNoteの機能 ... 3
- **3** EndNoteの歴史 ... 3
- **4** EndNoteの動作環境と制限 ... 4
- **5** 問い合わせ先 ... 9
- **6** 更なる情報（EndNote-THOMSON REUTERS COMMUNITY）... 9
- **注目** 操作ガイド初級編 ... 10

第2章 インストール，起動方法，画面構成 ... 11

- **1** インストール ... 12
- **2** EndNoteの起動方法と基本的取り扱い ... 16
  - 1. 新規データベースの作成　16
  - 2. 画面構成と名称　16
- **3** ツールボタン ... 19
- **重要** バージョンに関する基本的事項 ... 18
- **重要** ファイル名やフォルダ名に関する基本的事項 ... 18

第3章 ライブラリの作成（1）インターネットからの英語文献　検索～入力，全文文献収集 ... 21

- **1** EndNoteから直接検索して，取り込む方法 ... 22
  - 1. PubMedサイトの直接検索　22
  - 2. 一時グループからカスタムグループへ移す　24
- **2** PubMedホームページで検索し，そこから出力されたファイルを取り込む方法 ... 27
  - 1. PubMedの検索　27
  - 2. 検索結果の保存　28
- **3** EndNoteへの取り込み ... 31
- **4** カスタムグループへのリファレンスのコピー ... 32

第4章 ライブラリの作成（2） インターネットからの日本語文献 検索～入力　33

1 医中誌Webの検索　34

2 検索結果の保存とEndNoteへの取り込み　37
- 1. Refer/BibIXファイルで保存して，EndNoteに取り込む方法（ダウンロード）　37
- 2. ダイレクトエクスポートを使用する方法　39

3 My Groupsへのリファレンスのコピー　40

重要 文字化けについて　38

第5章 ライブラリの作成（3） 手入力　45

1 新規ライブラリの作成（既存のライブラリを開く）　46

2 新規リファレンスの作成　46

3 文献タイプの選択　46

4 リファレンスの各項目の入力　48
- 1. データ入力によるTermリスト　48
- 2. 各入力項目の注意点　48

5 入力データの保存　50

参考 General Display Fontの変更　50

第6章 ライブラリの管理　57

1 ライブラリの作成と簡単な操作　58

2 ライブラリ間での文献のコピー＆ペースト，削除など　61
- 1. ライブラリに登録した文献を別のライブラリにコピーする場合　61
- 2. ライブラリから文献を削除する場合　62

3 ライブラリの検索　62

4 検索の実際　63

5 ライブラリの並べ替え　65

6 重複文献の検索と削除　66

7 ライブラリのレコードをアップデート（オンライン時）　68

8 Termリスト（用語リスト）　68
- 1. Termリストへの新規登録　69
- 2. Termリストの編集と削除　74

第7章 参考文献リストの自動作成　75

1 独立参考文献の作成　76
1. Copy Formattedを使用する方法　76
2. Print Previewを使用する方法　77
3. Exportを使用する方法　77

2 CWYW（Cite While You Write—作成しながら引用）　77

3 仮引用の後に一括して参考文献を自動作成する方法　79
1. Microsoft WordのAdd-in連動　79
2. Format Paperを使用する方法　82

重要 日本語対応について　85

第8章 参考文献スタイル，インポートフィルタ，コネクションファイル　87

1 Styleとは　88
2 Styleの作成方法　88
3 インポートフィルタとは　94
4 コネクションファイルとは　97

参考 代表的な参考文献スタイル　92

第9章 EndNote basic（旧EndNote Web）　99

1 EndNote basicの機能　100
2 EndNote basicの動作環境と制限　100
3 EndNote basic日本語サポートサイト　101
4 EndNote basicのURLとログイン方法　101
5 EndNote Webのメニュー　103
6 EndNoteからEndNote Webへのデータ転送　104
1. EndNote X6以降　104
2. EndNote X.0.2以降EndNote X5まで　104
3. EndNote 9／それ以前のバージョン　104

7 文献を集める（EndNote Webに取り込む）　105
1. 手入力　105
2. PubMed，医中誌Webでの検索結果のテキストから　106
3. 直接オンライン検索サイトから　109

8　文献を管理する　110
1. グループ作成　110
2. グループ間の文献移動，文献の削除　111
3. 重複文献の検索　111
4. フォルダを共有する　112

9　参考文献リストの作成（文献形式を整える）　113
1. EndNote basicからEndNoteへのデータ転送（EndNote X5以前）　113
2. 引用文献の自動作成(1)　114
3. 引用文献の自動作成(2)　116

注目 WordのCWYWプラグインをEndNote Webに変更するには　119

第10章　EndNote for iPad　121

1　EndNote basic (EndNote Web)との同期設定　122
2　EndNote for iPadの構成　124
3　EndNote basic (EndNote Web)との同期　124
4　Webサイトでの検索とiPadへのデータ取り込み　124
5　添付ファイル(PDF)の読み込み　126
6　添付PDFの閲覧と書き込み　127
7　ライブラリ内文献の検索とソート　131
8　文献リストの簡易作成（メール機能利用）　132

第11章　PubMed インターネット文献検索　135

1　アクセス方法　136
1. PubMedの検索　136
2. 検索結果の保存　136

2　検索式の入力　136
3　Filters (フィルター機能)　143
4　検索結果の表示　144
5　文献の選択と保存　145
6　Preview (プレビュー)　146
7　Index (インデックス)　147
8　History (検索履歴)　148

9	Clipboard（クリップボード）	149
10	MeSH Database（MeSHデータベース）	150
11	Single Citation Matcher	152
12	Clinical Queries（臨床的検索）	152
13	My NCBI	154

1. お知らせ機能　155
2. 保存検索式での検索　156

第12章 日本語文献検索サイト　医中誌Web　159

| **1** | アクセス方法 | 160 |
| **2** | ログイン方法 | 161 |

1. 検索語入力画面　162
2. 検索の実際　166
3. 検索結果の保存　168

第13章 リンク，データライブラリの共有　173

1	ライブラリへの全文文献のリンク	174
2	ライブラリへのURLのリンク	177
3	PDF，URL以外のファイル格納場所	180
4	ネットワーク上のフルテキストファイルを自動的にリンクする	181
5	全文PDFファイルから書誌事項を取り出す	183
6	データライブラリの共有	187

1. アカウントの確認　187
2. アカウントの設定　187
3. ライブラリの共有　187

参考 Figureフィールドに挿入可能な画像ファイル　180
重要 フルテキストで，気をつけなければならないこと　186
参考 無料で入手できる全文PDFの雑誌一覧　186
重要 共有できるライブラリの数　190

第14章 データ変換自由自在　193

| **1** | FileMaker ProやMicrosoft Excelにデータを移す | 194 |

| 2 | ほかのデータベースソフトからデータを取り込む | 198 |

第15章 ちょっと気になる上級オプション　203

1	ライブラリ画面のカスタマイズ	204
2	スペルチェック機能	206
3	フィルタのカスタマイズ	206
4	コネクションファイルのカスタマイズ	208
5	より細かいStyleの変更（極めたい方のために）	211

第16章 設定，ツールバー，ファイルメニュー　217

| 1 | メニューバー | 218 |
| 2 | 文献タイプとフィールド名リスト | 223 |

参考文献　245
EndNote，EndNote basic比較表　246
INDEX　247

COLUMN

- 文献検索の種類　2
- EndNoteのユーザー登録　14
- ￥と＼（バックスラッシュ）　15
- 各バージョンの最新アップデートファイル（2018年1月12日現在）　15
- 印刷レイアウトの変更　18
- Windowsでの拡張子の表示方法　30
- PubMedと医中誌Web取り込みの要点　39
- 医中誌Webから全文文献を入手するには（有料）　40
- Google Scholar　41
- My医中誌　43
- ファイル名の拡張子　55
- CiNii (Citation Information by NII) /NII論文情報ナビゲータ　56
- ライブラリの保存場所　60
- 検索...こんなときには？　64
- 二重登録のEndNote内部での管理　67
- Export Traveling Library　84
- Citation Markerを変更する　84
- テキストエディタ使用の勧め　86
- Vancouverスタイル　91
- EndNote関連ホームページ　98
- EndNote basicのWebサイト表示　107
- 医中誌Webからのダイレクトエクスポート　108
- EndNoteとEvernote　120
- PubMedのデータ　144
- 検索手法とキーワード（自然語と統制語）　157
- Advanced Search　158
- 入力方法　164
- My医中誌機能　165
- 尼子四郎　169
- JDreamⅡのデータ取り込み　170
- SNSへの論文シェア機能　171
- 相対リンクと絶対リンク　175
- インターネットサイト，ファイルなどへのリンク　179
- フルテキストの検索サイトを追加する　185
- EndNoteファイルのバックアップ　186
- DropboxでどこでもEndNote　191
- PubMedからのKeywordsとNotes　197
- タブ区切りファイルのインポート中のエラー　201
- EndNote，FileMaker Pro，Microsoft Excel，秀丸エディタの入力文字数制限　202
- ファイル名と文字数　214
- Macintosh ⟷ Windows間でライブラリを共有する際の注意　215

便利な表

表1-1a	各バージョンとのOS対応表	6
表1-1b	Cite While You Write機能対応表	7
表8-1	Import Filters	96
表11-1	ストップワード	137
表11-2a	MEDLINE形式の結果表示	140
表11-2b	代表的な検索項目名とタグの対応	141
表11-2c	MeSHサブヘディング	142

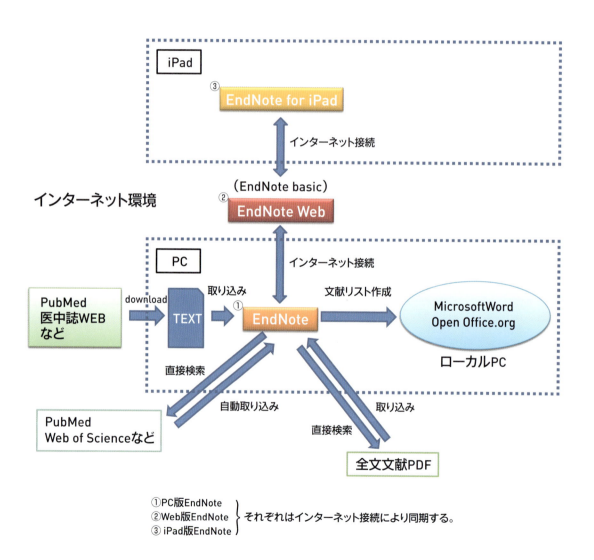

第 1 章 EndNoteについて

本章では，EndNoteがどのようなソフトウエアであるかを説明し，歴史，動作環境，制限事項，問い合わせ先を紹介します。

1 EndNote とは

　インターネットからの文献検索が当たり前になりました。文献検索をした後は，インターネットから得たデータ（文献のリスト）はどうしていますか？　よくあるのが，印刷してリストをとった後に，そのリストを紙で保存しているという答えです。それでよいなら今のままの環境でも問題ありません。それではもったいないと思われるのなら，すぐにでもEndNoteを使ってみるべきでしょう。EndNoteは，文献検索から得られたデータを，余すところなく活用するための道具です。基本的には1件ずつ，文献データ（著者名，タイトル，抄録など）を入力する必要はありません。インターネット文献検索で得られた文献データを，自分のデータベースとして保存できます。それだけでは，まだ魅力がないと思われる方もあるでしょう。それでは，そのように蓄えた文献データから自分の論文作成時に参考文献リストが自動作成できるとしたらどうでしょう。かなり，魅力的ではないでしょうか。

　つまりEndNoteは，インターネットから得た情報を利用して文献データベースを（キーボードからのデータ入力なしで）作成し，（投稿時）参考文献リストの作成とフルテキスト（全文）の管理ができる文献管理ソフトウエアです。

COLUMN　文献検索の種類

●一次情報と二次情報

　一次情報：オリジナルの文献そのもの（原著論文，学会抄録，学位論文，研究報告書）
　二次情報：一次情報の所在を一定の規則に従って整列させ一次情報を検索できるよう調整したもの（データベース，索引誌，抄録誌，文献目録など）

　全文検索：一次情報検索をさします
　文献検索：二次情報検索をさします

2 EndNoteの機能

EndNoteには大きく分けて3つの機能があります(**Fig1-1**)。

1)オンライン検索サイトにアクセスし，検索したデータや文献の取り込み
2)雑誌の投稿スタイルに合わせた参考文献リストの自動作成
3)二次情報データベースから取り込んだ文献情報の保存，編集，管理

Fig 1-1　EndNote 概念図

3 EndNoteの歴史

1985年　Richard Niles博士は，同夫人が雑誌の投稿スタイルにあわせて参考文献リストを変換する作業に四苦八苦していたのにヒントを得て，EndNoteを考案
1988年　EndNote Version 1 リリース
1994年　Version 2 (EndNotePlusと呼ばれ，関連ソフトEnd Linkでデータベースからの取り込みサポート)
1998年　Version 3 (EndNote単独で取り込みと文献リスト作成，connect機能：EndNote内から直接検索)
2000年　Version 4 (preview機能，Term Listの自動アップデート)
2001年　Version 5 (URLのホットリンク機能追加)
2002年　Version 6 (画像のリンク機能，Palmへの出力) 現行バージョン
2003年　Version 7 (Palm用アプリケーション追加, Open URL準拠, XML形式データ入出力)

2004年　Version 8（Unicode対応，ライブラリ保存件数制限なし）
2005年　Version 9（内部処理スピードの改善，リファレンスフィールドの外部XML定義可能）
2006年　Version X（ドラッグ＆ドロップでPDFファイルリンク，ライブラリの圧縮機能強化，空フィールドの非表示インターフェース）
2007年　Version X1（収録レコードのグループ化機能，Word 2007用アドインツールバーのインターフェース向上，EndNoteからの直接接続が認証プロキシに対応）
2008年　Version X2（フルテキストPDFファイルを自動でダウンロード，新しいグループ機能の追加，X.2.0.1ではEndNote Web個人用アカウントを標準搭載）
2009年　Version X3（起動時間の短縮，ライブラリ圧縮機能強化，グループ内グループ機能，重複文献比較機能，Find Full Text機能改善，複数参考文献リストの作成，グループ引用形式の投稿規程，CWYWがOpen Office対応，Macintosh版はApple Pages'09に対応）
2010年　Version X4（フルテキストPDFからの文献情報取り込み［DOIを含むもの］本文中の引用部分にハイパーリンク作成）
2011年　Version X5（PDFビューアーのビルトイン［PDF文献と書誌事項の同時表示とPDFへの書き込み］，EndNote Webライブラリにファイル添付機能，ライブラリ内のレコードをオンラインで最新情報にアップデート）
2012年　Version X6（複数ライブラリの自動同期，ワイドスクリーンに適したレイアウト表示，PubMedからのダイレクトエクスポート）
2013年　Version X7（PDFファイル取り込みフォルダ設定，PowerPointで参考文献リスト作成［Windows版のみ］，1ライセンスでWindowsとMacに計3台までインストール可）
2016年　Version X8（ライブラリの共有機能100名まで，共有ファイルサイズ無制限，PubMedのオンラインサーチ，文献情報を一括で自動更新）

4　EndNoteの動作環境と制限

●対応機種とバージョン

　WindowsとMacOS Xに対応しています（別パッケージ）。Windows版，Macintosh版ともにVersion X8が，現行バージョンです。

●EndNote対応プラットフォーム

Version X8　**Windows版**：(CPU：1GHz以上)

OS：Windows 7 SP1 (32bit/64bit) /Windows 8 (32bit/64bit) /Windows 8.1 (32bit/64bit) /Windows 10 (32bit/64bit)

RAM空容量：2GB以上

HD空容量：600MB以上（パッケージ版のみインストール時にCD-ROMドライブ要）

対応アプリケーション：MS Word 2010/2013/2016 (32bit/64bit)，MS Word 2007，Apache OpenOffice 3X，Mathematica 8，PowerPoint 2010/2013/2016 (32bit/64bit)，PowerPoint 2007

Version X8　**Macintosh版**：Intelプロセッサのみ

OS：OS X　10.6.x/10.7.x/10.8.x/10.9.x/10.10/10.11/macOS Sierra

RAM空容量：2GB以上

HD空容量：700MB以上（パッケージ版のみインストール時にCD-ROMドライブ要）

対応アプリケーション：MS Word 2011/2016 (32bit/64bit)，Apple Pages 4/5，*Mathematica* 8 RTF形式に変更可能なワープロソフト

※インターネット検索を行う場合にはインターネット接続環境が必要です。

ライセンス使用者による個人利用に限り1つのライセンスでWindowsとMacintoshにあわせて3端末までインストール可能です。ライセンスの共有，譲渡，貸与は認めていません。

※アップグレードは過去のバージョンのいずれからも（Ver 1～9，X～X7）可能です。

※過去のバージョンのユーザー登録が必要です。

表 1-1a　各バージョンとの OS 対応表（2018 年 1 月現在・ユサコホームページより）

■ Windows 版

	EndNote のバージョン						
	X8.2	X7.7.1	X6.0.1	X5	X4.0.2	X3.0.1	X2.0.4
Windows 10 32bit/64bit	○	○ ※1	△	△	△	×	×
Windows 8.1 / 8 32bit/64bit	○	○	○	△	△	×	×
Windows 7 32bit/64bit	○ ※2	○	○	○	○	△	△
Windows Vista 32bit/64bit	×	△ ※3	△ ※3	△ ※3	△ ※3	△ ※3	△ ※3
Windows XP (SP3)	×	△ ※3	△ ※3	△ ※3	△ ※3	△ ※3	△ ※3

（注意事項）
「△」欄はサポートおよび動作保証対象外です。現在，基本動作について大きな問題は報告されていませんが，万一問題があった場合はサポートおよび保証対象外となります。
※1　X7.4 への無償アップデートにより正式に対応しました。詳細はユサコホームページをご参照ください。
※2　SP1 に対応しています。
※3　Windows Vista および XP は Microsoft 社がサポートを終了しましたので，今後発生する不具合について万一問題があった場合はサポートおよび保証対象外となります。

■ Macintosh 版

	EndNote のバージョン						
	X8.1	X7.7.1	X6.0.2	X5	X4.0.2	X3	X2.0.2
macOS 10.12.x（Sierra）	○	×	×	×	×	×	×
OS X 10.11.x（El Capitan）	○	○ ※1	△	×	×	×	×
OS X 10.10.x（Yosemite）	○	○ ※2	△	×	×	×	×
OS X 10.9.x（Mavericks）	×	○	△	×	×	×	×
OS X 10.8.x（Mountain Lion）	×	○	○	△ ※3	△ ※3	△ ※3	×
Mac OS X 10.7.x（Lion）	×	○	○	○	△	△	△
Mac OS X 10.6.x（Snow Leopard）	×	△ ※4	△ ※4,5	△ ※4	△ ※4	△ ※4	△ ※4
Mac OS X 10.5.x（Leopard）	×	×	×	△ ※4,6	△ ※4	△ ※4	△ ※4

（注意事項）
「△」欄はサポートおよび動作保証対象外です。現在，基本動作について大きな問題は報告されていませんが，万一問題があった場合はサポートおよび保証対象外となります。
※1　X7.5 への無償アップデートにより正式に対応しました。詳細はユサコホームページをご参照ください。
※2　X7.2.1 への無償アップデートにより正式に対応しました。詳細はユサコホームページをご参照ください。
※3　OS X 10.8.2 では CWYW 機能について Mac 側の既知の不具合が報告されています。詳細はユサコホームページをご参照ください。
※4　OS X 10.6 以下は Apple 社がセキュリティアップデートの配信を終了しましたので，今後発生する不具合について万一問題があった場合はサポートおよび保証対象外となります。
※5　OS X 10.6.8 以上にのみ対応しています。
※6　Intel mac にのみ対応しています。

表 1-1b　Cite While You Write 機能対応表（2018 年 1 月現在・ユサコホームページより）

■ Windows版

	EndNote のバージョン							
	X8.2	X7.7.1	X6.0.1	X5.0.1	X4.0.2	X3.0.1	X2.0.4	EN basic
MS Word 2016	○	○ [※1]	× [※2]	× [※2]	× [※2]	×	×	○
MS Word 2013	○	○	× [※2]	× [※2]	× [※2]	×	×	○
MS Word 2010	○	○	○	○	○	×	×	○
MS Word 2007	△ [※3]	△ [※3]	△ [※3]	△ [※3]	△ [※3]	△ [※3]	△ [※3]	△ [※3]
MS Word 2003	×	×	△ [※3]	△ [※3]	△ [※3]	△ [※3]	△ [※3]	×
Apache OpenOffice 3.x	○	○	○	○	○	×	×	×
Wolfram Mathematica 8	○	○	○	○	○	×	×	×

（注意事項）
RTF 形式に変換できるワープロソフトであれば，対応表に適合していなくても Format Paper 機能を利用して参考文献リストの作成が可能です。Format Paper 機能の詳細はユサコホームページをご参照ください。
※ 1　X7.5 への無償アップデートにより正式に対応しました。詳細はユサコホームページをご参照ください。
※ 2　サポートおよび動作保証の対象外です。基本動作について大きな問題は報告されていませんが，Word 2010 をご利用になったことのない環境では，通常のインストールでは機能を使えないことがあります。詳細についてはユサコホームページをご参照ください。
※ 3　Word 2003 と Word 2007 は Microsoft 社がサポートを終了しましたので，今後発生する不具合について万一問題があった場合はサポートおよび保証対象外となります。

■ Macintosh版

	EndNote のバージョン							
	X8.1	X7.7.1	X6.0.2	X5	X4.0.2	X3	X2.0.2	EN Web
MS Word 2016	○	○ [※1]	×	×	×	×	×	○
MS Word 2011	△ [※4]	△ [※4]	△ [※4]	△ [※4]	△ [※4]	×	×	△ [※4]
MS Word 2008	×	△ [※4]	△ [※4]	△ [※4]	△ [※4]	△ [※4]	△ [※4]	△ [※4]
MS Word 2004	×	×	×	×	△ [※4]	△ [※4]	△ [※4]	×
Apple Pages	○ [※2,3]	○ [※2,3]	○ [※2,3]	×	×	×	×	×

（注意事項）
RTF 形式に変換できるワープロソフトであれば，対応表に適合していなくても Format Paper 機能を利用して参考文献リストの作成が可能です。Format Paper 機能の詳細はユサコホームページをご参照ください。
※ 1　X7.5 への無償アップデートにより正式に対応しました。詳細はユサコホームページをご参照ください。
※ 2　Pages 5.2 以上にアップデートし，Apple 社が提供している「Pages EndNote Plug-in v2.0」を利用する必要があります。プラグインの詳細は Apple 社ホームページをご参照ください。
※ 3　Pages 6.2 以上は，Apple 社が提供している「Pages EndNote Plug-in v3.0」を利用する必要があります。プラグインの詳細は Apple 社ホームページをご参照ください。
※ 4　Word 2004，2008，2011 は Microsoft 社がサポートを終了しましたので，今後発生する不具合について万一問題があった場合はサポートおよび保証対象外となります。

● **機種間およびバージョン間での互換性**

EndNote X以後のバージョンは完全互換です。バージョン9以前では，旧バージョンのファイル（Version 2以降）は新バージョンで開くことはまったく問題ありませんが，旧バージョンからのファイルを新しいバージョンで一度使用した場合には，旧バージョンに戻らないでください。WindowsとMacintoshの間でも同じバージョンなら問題はありません。WindowsとMacintoshで使用するときにはp.55のコラム（ファイル名の拡張子）も参照してください。

● **保存の制限**

Version 8以降では，各ライブラリファイルのレコード保存数は無制限です。AbstractとNotesフィールドは64KBまで入力できます（Version 7までは，各ライブラリファイルは，32,000レコードまたは1ファイルが32MBになるまで保存できます）。フィールドには32,000文字まで入力できます。1レコードの最大項目は32（＋カスタマイズ登録6追加可），1レコードの最大長は64,000半角英数文字以内です。

作成可能なライブラリファイルの件数については，ディスク容量が可能な範囲であれば制限がありません。また，同時に複数ライブラリを使用できます。

● **日本語の取り扱い**

Version 8以降はWindows版もMacOS X版も日本語対応（Unicode対応）となりました。メニューは日本語化されていませんが，日本語も取り扱うことができます。Versionによっては一部，文字化けしてしまいますが，ちょっとしたコツを理解すれば十分に使用できます。本書では，その全貌を示しました。

5 問い合わせ先

●購入前の一般的な問い合わせ

ユサコ株式会社　EndNote／購入担当

TEL: 03-3505-3259 /FAX: 0120-395-888

e-mail: en-order@usaco.co.jp

ユサコオンラインショップ

URL: http://www2.usaco.co.jp/shop/

●操作・技術的な内容（購入後，ユーザー登録済みのユーザーが対象）

ユサコ株式会社　EndNote サポート担当

TEL: 0120-551-051 /FAX: 03-3505-6284

URL: http://www2.usaco.co.jp/shop/contact/contact.aspx

いずれも 9：00〜11：50，13：00〜17：30（土，日，祝祭日を除く）

※正式サポート対象は EndNote X6 以降です。それ以前の
バージョンおよびトライアル版はサポート対象外です。

6 更なる情報（EndNote-THOMSON REUTERS COMMUNITY）

●コミュニティー

　EndNote には英語ですが，活発に議論されているフォーラムがあり，のぞいてみると非常に役に立ちます。

　http://forums.thomsonscientific.com/ts/?category.id=endnote

●ユーザー登録者専用ホームページ

　日本でのユーザーはユサコのホームページで正規ユーザー登録を行えば，専用ページから最新情報が入手可能です。日本語の操作マニュアルの PDF 版もここにあります。ぜひユーザー登録を行ってください。

　http://www2.usaco.co.jp/shop/customer/menu.aspx

●ユーザー登録のメリット

1. 専門スタッフ(ユサコ社)によるテクニカルサポート(Eメール/フリーダイヤル)。
2. 登録ユーザー専用ページで，日本語操作ガイドや日本語訳ヘルプ，最新アップデートファイルなど各種ファイルをダウンロード可能。
3. 日本国内の学会誌・その他和文誌のアウトプットスタイル(投稿規程に沿ったフォーマットをするもの)を代理作成，無償提供。
4. アップデートプログラムの配信開始など，製品の最新情報のお知らせを配信。
5. 購入や問い合わせ内容履歴を保存，登録ライセンスの一覧表示。

注目 操作ガイド初級編

なお，EndNote X6以後の製品は，操作ガイド(オンラインチュートリアル)が無料で公開されています。

トライアル版やオンラインチュートリアルビデオ(日本語字幕つきビデオ)も以下からダウンロード可能です。

オンラインチュートリアル

http://www.usaco.co.jp/products/isi_rs/video.html

無料トライアル

http://www.usaco.co.jp/products/isi_rs/demo.html

第2章 インストール，起動方法，画面構成

　本章では，インストール方法，起動方法と画面の構成や名称について解説しています。EndNote X7をベースに解説しますが，ほかのバージョンでも同様です。

第2章 インストール，起動方法，画面構成

1 インストール

Windows

❶ アプリケーションが何も実行されていないことを確認してください。

❷ EndNoteのセットアッププログラムを実行してください。

❸ EndNoteセットアッププログラムがスタートして **Fig2-1** のような画面が表示されます。

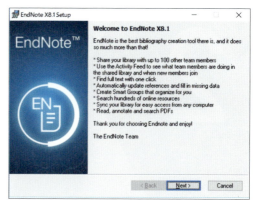

Fig2-1

❹ ［Next］をクリックして画面上の指示に従ってインストールを行います。プロダクトキー（パッケージに同封）を要求されますので，準備しておいてください。アップグレード版の場合は，さらに以前のバージョンのシリアルナンバーが必要です。

❺ ［Typical］［Custom］のいずれかを選択します（**Fig2-2**）。

❻ 次の画面に進むと，インストールする場所を聞かれます。デフォルトでは，EndNoteは `PC > Windows(C:) > Program Files (x86) > EndNote X8` フォルダにインストールされる設定になっていますが，このフォルダは変更可能です（**Fig2-3**）。

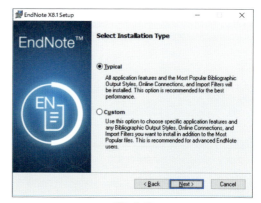

Fig2-2

❼ インストールが完了すると，`PC > Windows(C:) > Program Files (x86) > EndNote X8` に **Fig2-4** のようなフォルダとファイルが作成されています。以前にEndNoteがインストールされていた場合，インストールの流れの中で古いファイルのバックアップをとるか，上書きするかの選択ができます。バックアップファイルは，インストールフォルダの「Backup」フォルダに保存されます（初めてインストールした場合には「Backup」フォルダは作成されません）。

Fig2-3

Fig2-4

①EndNote.exe…プログラムファイル
②EndNote.chm…ヘルプファイル
③Connections…Connectionsフォルダ
④Filters…Filtersフォルダ
⑤Styles…Stylesフォルダ
⑥Spell…Spellフォルダ
⑦Templates…Templatesフォルダ
⑧Term Lists…Term Listsフォルダ
⑨Examples…Examplesフォルダ

Mac

Windows版と同様ですが，インストーラーを実行すると**Fig2-5**のような画面が表示されます。EndNote X8をダブルクリックして下さい。インストールがはじまります。「アプリケーション」フォルダにコピーされたEndNote X8をダブルクリックして起動します。

以後のインストール手順はWindows版とほぼ変わりません。

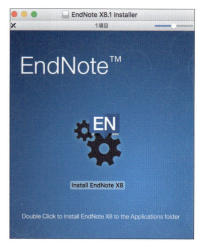

Fig2-5

COLUMN　EndNoteのユーザー登録

　EndNoteのインストールの途中で表示されるサイト，あるいは英語のEndNoteサイト

　http://www.endnote.com/contact/register でのユーザー登録は，日本で購入されたユーザーには必要ありません。そのかわりに日本のユーザーは販売代理店ユサコ(株)のユーザー登録が必要です。

　https://www2.usaco.co.jp/shop/customer/menu.aspx

COLUMN ￥と＼（バックスラッシュ）

日本語のOSでは`C:\Program Files\EndNote`と表記されますが，EndNoteが英語版アプリケーションのため￥でなく＼（バックスラッシュ）になっています。これは同じものです。

COLUMN 各バージョンの最新アップデートファイル（2018年1月12日現在）

	Windows	Macintosh
EndNote X8	X8.2	X8.1
EndNote X7	X7.7.1	X7.7.1
EndNote X6	X6.0.1	X6.0.2
EndNote X5	X5.0.1	なし
EndNote X4	X4.0.2	X4.0.2
EndNote X3	X3.0.1	なし
EndNote X2	X2.0.4	X2.0.2
EndNote X1	X1.0.2	X1.0.3
EndNote X	X.0.2	X.0.2
EndNote 9	9.0.1	なし
EndNote 8	8.0.2	なし
EndNote 7	なし	なし
EndNote 6	6.0.2	6.0.2
EndNote 5	5.0.2	5.0.2
EndNote 4	4.0.1	4.0.1
EndNote 3	3.1.3	3.1.2
EndNote 2	2.4	2.4

http://www.endnote.com/support/enupdates.asp

2 EndNoteの起動方法と基本的取り扱い

■ 1. 新規データベースの作成

EndNoteを起動するとFig2-6のようなダイアログが表示されます。初めてEndNoteを使用する場合は，新規データベースを作成しなければいけません。EndNoteでは，データファイルを**ライブラリ**と呼びます。

ファイルメニューから[File]➡[New...]を選択して新しいライブラリを作成してください。

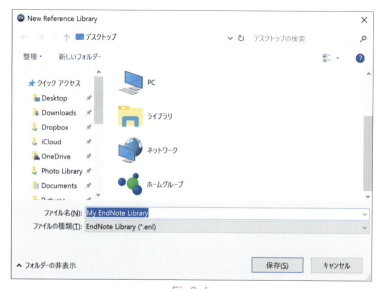

Fig2-6

これまでに作成されたライブラリを開く場合には，3番目の[Open an existing library]を選択してください。

■ 2. 画面構成と名称

●**ライブラリ画面（ウインドウ）とリファレンス画面（ウインドウ）**※

ファイルを開いてすぐに表示される画面（Fig2-7）を一覧画面（**ライブラリ画面**），文献1つ1つをダブルクリックして表示される画面（Fig2-8）を詳細画面（**リファレンス画面**）と呼びます。

※リファレンスはEndNoteのメニューコマンドReferenceと同じ意味です。
　ライブラリはEndNoteのメニューコマンドLibraryと同じ意味です。

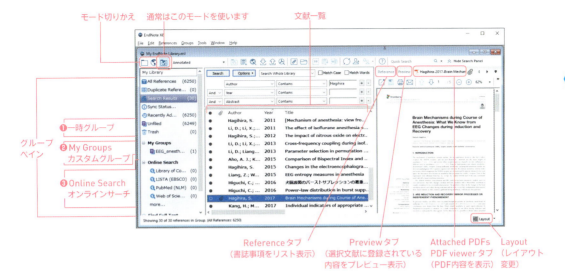

①一時グループ：All ReferencesとTrashがある。オンライン検索や文献取り込みをするとここに取り込まれる。
②My Groups：ここにタイトルをつけ，一時グループやOnline Searchから必要な文献を選択してドラッグ＆ドロップで登録する（永久保存の場所）。My Groupsフォルダ名も名称が変更できて，さらにGroupsフォルダを中につくることができる（Group in Group）。
③Online Search：直接インターネットの文献データベースから検索を行う。

Fig 2-7　一覧画面
（ライブラリファイルを開くと表示される基本画面）

Fig 2-8　詳細画面
（文献一覧の各文献をダブルクリックすると表示される画面）

17

重要　バージョンに関する基本的事項

　アプリケーションはもちろんライブラリの複数のバージョンを混在させないことが大切です。単体のPCで取り扱う場合にはもちろんのことですが，ネットワーク上で使用する場合にも混乱の元になります。いったんVersion 8以降にアップデートした場合には，以前のバージョンには戻れません。逆に**バージョンさえ同じであれば，機種を越えてもファイルは共有できます**。Version 8以降同士であれば戻ることも可能です。

重要　ファイル名やフォルダ名に関する基本的事項

❶ フォルダ名，ファイル名に日本語（2バイト文字）やスペースを使用しない。
❷ デスクトップにライブラリを置かない。
❸ 新規にライブラリを作成したとき，＊＊.enlというファイルと＊＊.Dataというフォルダが作成されますが，これらは常に同じ階層におき，バラバラにしない。

　これらの基本事項を忘れると，動作に不具合を及ぼしますので注意が必要です。

COLUMN　印刷レイアウトの変更

　画面右下の［Layout］をクリックするとレイアウト変更Panelが表示されます（**Fig2-9**）。ここで、お好みのレイアウトを選択することが可能です。レイアウト変更を、こまめに変更すると作業がはかどると思います。

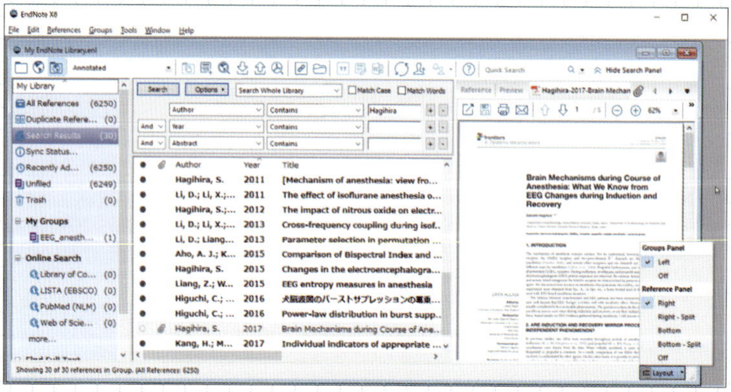

Fig2-9

3 ツールボタン

　File，Edit，Reference…と書かれたメニューバーの下にアイコンが並んでいます（**Fig2-10**，**2-11**）。このアイコン群を**ツールバー**と呼び，それぞれのアイコンを**ツールボタン**と呼びます。メニューバーの中のよく使うメニューがアイコンとして置かれています。

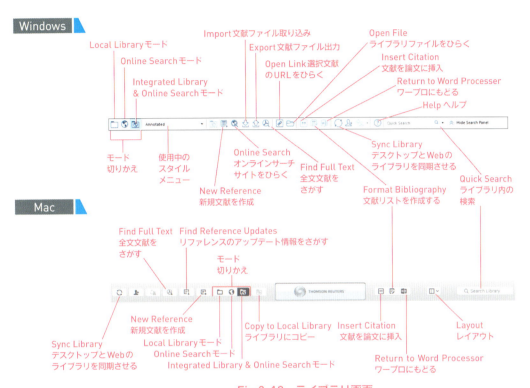

Fig 2-10　ライブラリ画面

第2章　インストール，起動方法，画面構成

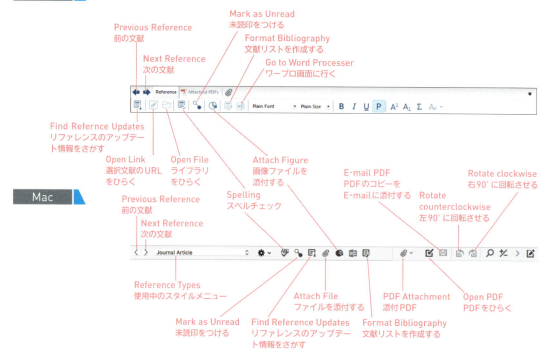

Fig 2-11　リファレンス画面

第3章 ライブラリの作成(1) インターネットからの英語文献検索～入力，全文文献収集

PubMedからのデータをEndNoteに取り込み，整理する方法

　MEDLINEなどの文献データベースからの情報の記録は，紙のほかにUSBメモリなどの電子メディアにも可能です。記録が容易なぶんだけ検索結果も膨大な量になり，結果の整理にも一工夫が必要です。データベースからの検索結果をファイルに保存して自分のパソコンで閲覧するだけであれば，ワープロやエディタなどで開いてみればよいのですが，データ量が多くなってくるとワープロやエディタでは管理が困難で，データベース形式で保存して，その中で取り扱う方が便利です。

　英語文献の検索に関してはPubMedという無料MEDLINEサイトがあり，この使用が一般的であると思われますので，本章ではPubMedからEndNoteに取り込む方法を解説します。

　PubMedから文献を検索してEndNoteに取り込むには2つの方法があります。1つは，EndNoteから直接オンラインで検索・データ取り込みを行う方法で，もう1つはホームページで検索した結果をファイルに出力した後，EndNoteにインポートする方法です。

1 EndNoteから直接検索して，取り込む方法

■ 1. PubMedサイトの直接検索

　この方法の場合，EndNoteがインストールされているコンピュータが，検索時にインターネットに接続されている必要があります。この場合Integrated Search & Online Search になっているのを確認して下さい(**Fig3-1**)。

❶　グループペインから[Online Search] ➡ [PubMed (NLM)]を選択(**Fig3-1**)するとタブペインに検索ダイアログ(**Fig3-1**中段上の部分)が表示されます。グループペインにPubMed (NLM)がない場合には，ファイルメニューから[Tools] ➡ [Online Search...]を選択すると，ダイアログ(**Fig3-2**)が表示されますので，PubMed (NLM)をクリックして[Choose]ボタンをクリックすると，タブペインに検索ダイアログ(**Fig3-3**)が表示されます。

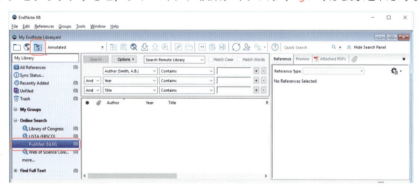

Fig3-1

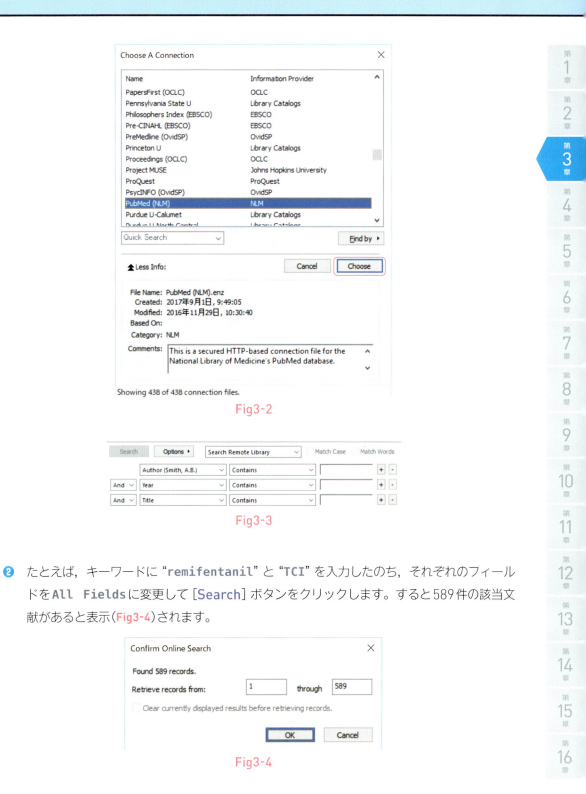

Fig3-2

Fig3-3

❷ たとえば，キーワードに "remifentanil" と "TCI" を入力したのち，それぞれのフィールドを All Fields に変更して [Search] ボタンをクリックします．すると589件の該当文献があると表示(Fig3-4)されます．

Fig3-4

❸ よければ，[OK] を，件数が多すぎる場合には [Cancel] をクリックして検索条件を追加します。条件を追加する場合，Fig3-3 の右端にある [＋] ボタンをクリックして入力欄を追加した後，再度 [Search] ボタンを押して検索します。589件で [OK] をクリックした場合，検索結果が取り込まれます(Fig3-5)。

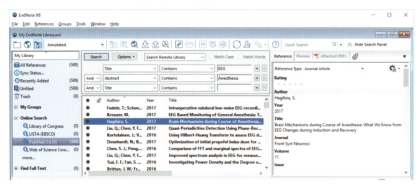

Fig3-5

※なお，何度も試して検索して検索結果のみ見たい場合（保存しない場合）には，Online Search Mode (Temporary Library) 🌐 を使用して下さい。

2. 一時グループからカスタムグループへ移す

Online Searchは，一時グループのデータベースであるので，結果を別のカスタムグループ(My Groups)に移す必要があります。

❶ そこで，メニュー [Groups] ➡ [Create Group] を選択します (Fig3-6)。あるいはグループペインの中の「My Groups」を右クリックして表示される [Create Group] を左クリックで選択します (Fig3-7)。

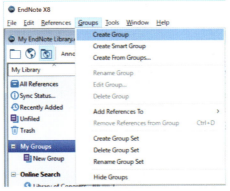

Fig3-6

Fig3-7

❷ グループ名が「New Group」と表示されますので，自分の好きな名称に（この場合，「EEG_anesthesia」としました）変更します（Fig3-8）。

Fig3-8

❸ 文献一覧に表示されているPubMedで検索された文献をクリックして選択し，My Groupsの「EEG_anesthesia」にドラッグ＆ドロップをすると（Fig3-9）EEG_anesthesiaにコピーされます（ここで複数文献を選択するときは Ctrl を押しながら文献リストをクリックします。全文献を選択する場合は Ctrl ＋ A を使います）。

誤って delete キーを押した場合は一時グループのTrashに入っていますのでそこからもとにドラッグ＆ドロップをしてください。

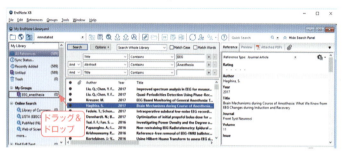

Fig3-9

2 PubMedホームページで検索し，そこから出力されたファイルを取り込む方法

　ホームページでの検索に慣れている方は，「PubMed」(https://www.ncbi.nlm.nih.gov/pubmed) を表示 (Fig3-10) させて，ホームページ上で検索を行ってください。ホームページ画面からテキストファイルが出力できますので，検索結果をいったんテキストファイルに保存してコピーすればEndNoteがインストールされているコンピュータがインターネットに接続されている必要はありません。テキストファイルをUSBメモリなどで移動させたり，メールで自分のアドレスに添付として送信して後で取り込みに利用します。

Fig3-10

■ 1. PubMedの検索

　Internet ExplorerやSafariなどのWebブラウザのアドレス欄に上記アドレスを入力し，PubMedにアクセスすると，Fig3-10が表示されます。例として，EEGとanesthesiaで検索を行ってみます。EEGとanesthesiaの両方の語句が入った文献を検索するには，"EEG_anesthesia"と入力します（各語句の間に半角スペースを入れるとANDの意味になります）。[Search] ボタンをクリックすると，結果表示画面 (Fig3-11) に移ります。表示数が多い場合には，[Switch to our new best match sort order] というボタンが表示されます。これをクリックすると検索結果は6225件 (Items : 1 to 20 of 6225) と表示 (Fig3-12) され，その下に該当文献のリストが表示されています。

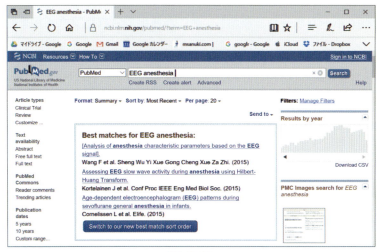

Fig3-11

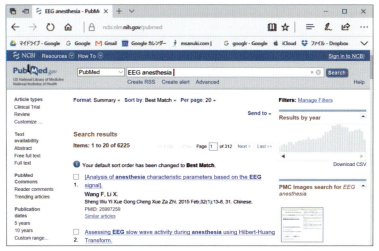

Fig3-12

2. 検索結果の保存

　このリストの文献すべてをファイルとして，自分のコンピュータに保存します（これらのすべてのリストがほしい場合には，文献番号の前の□にチェックマーク［クリックするとチェックマークをつけることができる］を入れる必要はありません）。

❶ Fig3-13のように「Send to：⌄」の⌄をクリックしてChoose Destinationを「File」に，Formatを「MEDLINE」に変更し，[Create File]をクリックします．

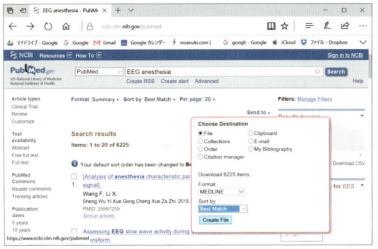

Fig3-13

❷ [OK]ボタンをクリックすると，「pubmed_result.txt」というファイル名で保存されます（Fig3-14）．

Fig3-14

「pubmed_result.txt」はテキストファイルなので，ダブルクリックして開いて中を確認してください。MEDLINE形式（**Fig3-15**）のファイルになっているのがわかります。確認した後，ファイルを閉じておいてください。

Fig3-15

COLUMN　Windowsでの拡張子の表示方法

Windows 10では「**ファイル名拡張子**」をチェックするとファイル名に拡張子が表示されます（**Fig 3-16**）。

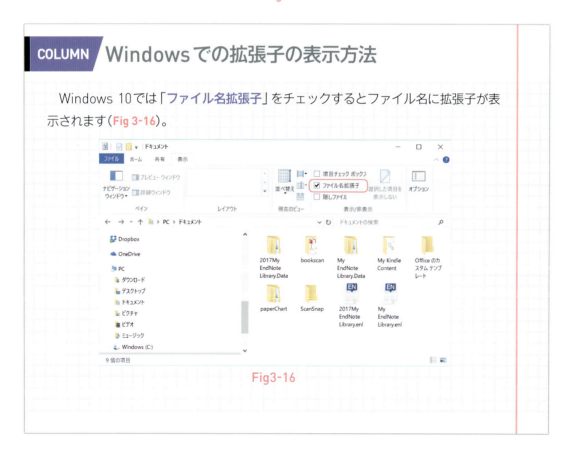

Fig3-16

3 EndNoteへの取り込み

EndNoteの取り込みたいライブラリファイルを開くか，ファイルメニューの[File] ➡ [New]で新しいライブラリを作成してください。ファイルメニューの[File] ➡ [Import] ➡ [File]を選択してダイアログ(Fig3-17)を表示させます。[Choose]ボタンをクリックして「pubmed_result.txt」を選択します。「Import Option:」は`Other Filters...`を選択して表示されるダイアログで**PubMed（NLM）**に変更します。

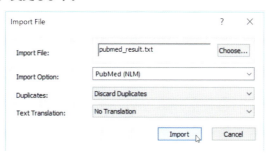

Fig3-17

もし，**PubMed（NLM）**が表示されない場合には，[Edit] ➡ [Import Filters] ➡ [Open Filter Manager...]を選択して，Fig3-18を表示させて「PubMed（NLM）」にチェック（スペースキーを押す）をつけてください。

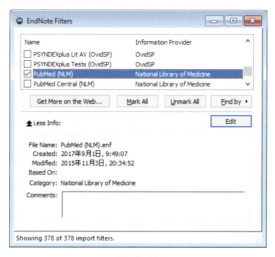

Fig3-18

その他は，変更しなくてかまいません。[Import]ボタンをクリックして取り込むと，Fig3-19のようになります。

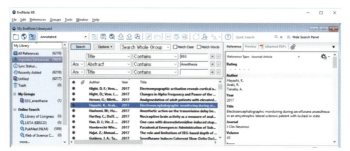

Fig3-19

4 カスタムグループへのリファレンスのコピー

　p.24「2．一時グループからカスタムグループへ移す」と同様の操作で，Imported ReferencesからMy Groupsに必要な文献を選択して移動させておきます。残った不要なものは，Imported Referencesを選択して delete で削除します。

第4章 ライブラリの作成(2) インターネットからの日本語文献検索〜入力

本章では医中誌Webの検索から取り込みまでを解説します。ここでは，インターネットに接続されていることを前提としています。

● 医学中央雑誌

http://www.jamas.or.jp/（詳細は**第12章**に）

1983年から現在（2018年1月5日）までの日本語文献1,193万件が収録されています。

医中誌Web検索ガイドはhttp://www.jamas.or.jp/user/img/pdf/guide5_ver3.pdf（ファイルサイズ19.8MB）からダウンロードできます。

1 医中誌Webの検索

Internet ExplorerやSafariなどのWebブラウザのアドレス欄に入力し，医学中央雑誌ホームページにアクセスすると，**Fig4-1**が表示されます。会員として登録済みであれば，検索が可能になります。ここでは，医中誌パーソナルWebの会員登録済みとして，話を進めます。

❶ ［医中誌パーソナルWeb］ボタンをクリックします。

Fig4-1

❷ **Fig4-2**が表示されますので，[**ログイン**]ボタンをクリックします（So-net版の例です）。ユーザーID，パスワード入力画面が表示されますので，それぞれの欄に入力して[**ログイン**]ボタンをクリックしてください（**Fig4-3**）。

Fig4-2

Fig4-3

❸ **Fig4-4**の画面となりますので，ここから検索を行います。

Fig4-4

35

❹ 例として，脳波と麻酔で検索を行ってみます（**Fig4-5**）。脳波と麻酔の両方の語句が入った文献を検索するには，"脳波 麻酔"と入力します（各語句の間に半角スペースを入れるとANDの意味になります）。[検索]ボタンをクリックすると，結果表示画面（**Fig4-6**）が表示されます。

Fig4-5

❺ 検索結果は2190件と表示され，その下に該当文献のリストが表示されています。

Fig4-6

2 検索結果の保存とEndNoteへの取り込み

このリストの文献をファイルとして保存する場合，「ダウンロード」または「ダイレクトエクスポート」の2つの方法があります。

▌ 1. Refer/BibIXファイルで保存して，EndNoteに取り込む方法（ダウンロード）

❶ この場合，2190件なので，「**すべてチェック**」をクリックします（**Fig4-7**）。次に，[**ダウンロード**] をクリックして，出力設定内容を表示させます。

Fig4-7

❷ 出力形式に「**Refer/BibIX**」を選択します。

[**ダウンロード**] をクリック（**Fig4-8**）すると「ichu.txt」というテキストファイル名で保存されます。

Fig4-8

❸ EndNoteの取り込みたいライブラリファイルを開くか，ファイルメニューの [File] ➡ [New] で新しいライブラリを作成してください。ファイルメニューの [File] ➡ [import] ➡ [File] を選択してダイアログ（Fig4-9）を表示させます。[Choose...] ボタンをクリックして「ichu.txt」を選択します。「Import Option:」は，Refer/BibIXに変更します。このときRefer/BibIXがないときには，「Import Option:」の「Other Filters...」からRefer/BibIXを選択し直してください。

その他は，変更しなくてかまいません。[Import] ボタンをクリックすると，取り込まれます（Fig4-10）。

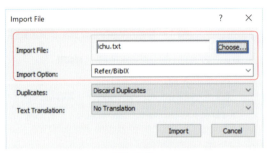

Fig4-9

Fig4-10

重要　文字化けについて

通常に保存された「ichu.txt」ファイルは文字コードの違いにより文字化けを起こすことがあります。その場合は，一度BOMを付けることができるエディタで保存し直す必要があります。「重要 日本語対応について」(p.85～86)を参照してください。

COLUMN　PubMedと医中誌Web取り込みの要点

　EndNoteに取り込みが可能な形式のテキストファイルはPubMedでは**MEDLINE形式**，医中誌Webでは**Refer/BibIX形式**です。これ以外の形式ではうまくいきません。医中誌Webは，テキストファイルのインポート以外にダイレクトエクスポートに対応しています（2008年12月から）。

2. ダイレクトエクスポートを使用する方法

❶ p.37のRefer/BibIXと同様に「**すべてチェック**」をクリックしたのち，一番右側の［**ダイレクトエクスポート**］ボタンをクリックします。［**ダイレクトエクスポート**］ボタンは，「**My 医中誌**」の「**環境設定**」で表示・非表示を選択できます。

❷ 表示されるダイアログ（**Fig4-11**）で2.「**EndNote**」をクリックするとダイレクトエクスポート実行が表示されます（**Fig4-12**）。

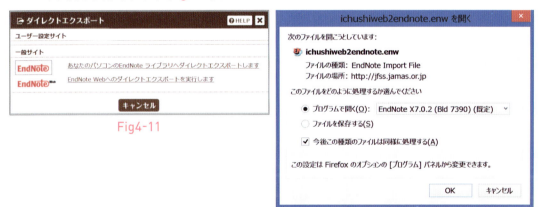

Fig4-11

Fig4-12

❸ EndNoteがインストールされたPCではEndNoteのファイルに自動的に取り込まれます（**Fig4-10**）。

3 My Groupsへのリファレンスのコピー

第3章(p.24)を参照してください。

COLUMN 医中誌Webから全文文献を入手するには（有料）

「医中誌パーソナルWeb DDS」を利用します(**Fig4-13**)。

医中誌パーソナルWebにログインした後の画面に「文献申込」がありますので，そこをクリックしてください。「医中誌パーソナルWeb DDS」に入れます。

Fig4-13

このサービスでは，電子書類ではなくFAXまたは郵送で紙のコピーを入手できます。

メディカルオンライン（有料）

http://www.medicalonline.jp/

ここに入会しても日本語文献（一部）が入手可能です。ダウンロードで入手できます。

COLUMN Google Scholar

http://scholar.google.co.jp

Googleが提供する学術資料に特化した検索サイトです（Fig4-14）。膨大な学術資料を検索できます。分野や発行元を問わず，学術出版社，専門学会，プレプリント管理機関，大学，およびその他の学術団体の学術専門誌，論文，書籍，要約，記事を検索できます。検索結果は，EndNoteにダイレクトエクスポートできます。「その他」➡「Scholar設定」をクリックして表示される表示設定画面の一番下にある文献管理欄で「EndNoteへの文献取り込みリンクを表示する」に変更して［保存］ボタンをクリックします（Fig4-15）（ブラウザでCookieが無効になっていると，これらの設定は保存されません）。

Fig4-14

Fig4-15

第4章 ライブラリの作成（2）インターネットからの日本語文献

　検索後に表示される各リストの下の「その他」をクリックすると，「**EndNoteに取り込む**」というタグが表示されます（**Fig4-16**）。ここをクリックすると該当文献が自動的にEndNoteのファイルに取り込まれます。

Fig4-16

COLUMN My医中誌

環境設定（Fig4-17）で［ダイレクトエクスポート］を［EndNote］に変更するには，Fig4-18のように変更して［更新］をクリックします。

Fig4-17

Fig4-18

第5章 ライブラリの作成(3) 手入力

1件ずつライブラリに入力する方法

　インターネット検索やデータが収録されていないものは，1件ずつキーボードから入力するしかありません。この方法は，あくまでもEndNoteの通常の使い方ではなく，補助的な手段と考えてください。基本は，第3章，第4章で解説したデータベースからの取り込みによるものです。

1 新規ライブラリの作成（既存のライブラリを開く）

ファイルメニューの［File］➡［New...］（［File］➡［Open］）を選択してください。新しいライブラリに入力するか，既存のライブラリに追加するかの違いです。

2 新規リファレンスの作成

ファイルメニューの［References］➡［New References］を選択（ Ctrl ＋ N ，Macintoshでは command ⌘ ＋ N ）すると新しいリファレンス画面が開きます（**Fig5-1**）。

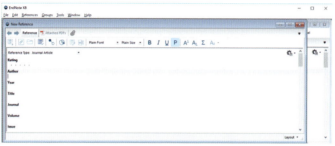

Fig5-1

3 文献タイプの選択

「Reference Type:」をクリックしてメニューを表示させて文献タイプを選択します（**Fig5-2**）。

通常のジャーナルの原著や症例報告にはJournal Articleを選択します（デフォルトでは，Journal Articleになっています）。1名以上の著者による本の場合はBookを，1名以上の編集者が編集した本はEdited Bookを選択します。本の一部分（章あるいは議事録の1項目）にはBook Sectionが適しています。学会抄録集の場合には，Conference Proceedingsがよいでしょう。

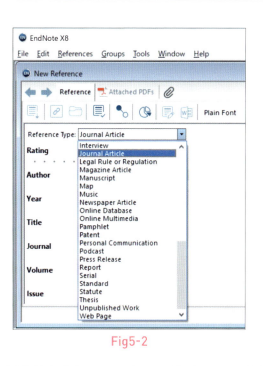

Fig5-2

　文献タイプにどんな項目が含まれているかの一覧は，ファイルメニューの[**Edit**] ➡ [**Preferences…**]で「Reference Types」を選択して表示されたダイアログ(**Fig5-3**)の真ん中上にある[**Modify Reference Types…**]というボタンをクリックすると**Fig5-4**が表示されますので，参考にしてください。また，第16章p.223〜244に文献タイプのリストを載せています。

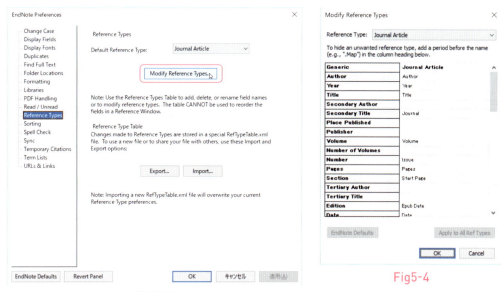

Fig5-3　　　　　　　　　　　　　　　　Fig5-4

47

4 リファレンスの各項目の入力

Author, Year, Titleなどの各項目にキーボードから入力をします。これらの項目は文献フィールドと呼びます。文献フィールドを移動するには tab かマウスのクリックで行います。 tab では順番に移動します。 Shift + tab で逆順に移動します。

1. データ入力によるTermリスト

EndNoteは著者名や編集者名, ジャーナル名, キーワードに**Termリスト**が使用できます。フィールドに新規用語が入力されると次からはリストから選択可能になります。Termリストは自動的にアップデートされます。新規の用語, すなわち, 対応する著者名, ジャーナル名, キーワードなどのTermリストにない用語は赤で表示されます。詳細は**第6章**p.68をご覧ください。

2. 各入力項目の注意点

【Author】著者名

著者名は1行につき1人分の名前を入力します（著者名が1行に収まらなくても, 次の行に自動的に入力されます）。1人分の名前を入力したら enter （Macintoshでは return ）を打って必ず改行します。

著者名は, ラストネームの後にカンマを入れてファーストネームを入力する方法と, ファーストネーム, ラストネームの順で入力する方法の2種類があります。どちらも正しいのですが, Termリストのフルネームの代わりにイニシャルを入力する場合は, "Fisher, J.O.", または "J O Fisher" のように, イニシャル間にピリオドかスペースを入力します。上記の例の場合は, ピリオドかスペースを入れないと, EndNoteがイニシャルを "Jo." のように, 1つの名前と解釈してしまいます。

漢字で入力する場合には, 姓と名の間にスペースを入れてはいけません。

> **著者名〈注〉**
>
> **【et al. など短縮形】**
> 特定のリファレンスにすべての著者名を入力すると, EndNoteは参考文献スタイルに応じて, "et al." や "and others" で著者名リストを省略します。すべての著者名がわからない場合には, 最後の著者名を ", et al." か ", and others" にして, 必ずカンマを付けます。
>
> **【団体著者名】**
> 団体著者名を入力する場合, 名称の後にカンマを入力します。

U.S. Department of Agriculture,

　　　Apple Computer Inc.,

　カンマの前にはラストネームがくると解釈されるので，ファーストネーム中にカンマを入れないでください．

【複雑な著者名】

　Charles de Gaulleなど，複数の語からなるラストネームは，ラストネームを先に入力し，後ろにファーストネームを入力します．

　　　de Gaulle, Charles

　上記のように入力すると，"de"や"Gaulle"が，ともにラストネームと認識されます．"Jr."や"III"のような肩書きは，以下の例のように，ラストネーム，ファーストネーム，肩書きの順に入力します．

　　　Smith, Alfred, Jr.

【Year】出版年

　通常，`2014`のように出版年の4桁の数字を入力します．`In press`（印刷中），`in preparation`（出版準備中）も入力できます．

【Title】タイトル

　タイトルを入力する際に，末尾にピリオドやほかの句読点を入力しないでください．また，EndNoteにタイトルを入力している際に，`enter`を押さないでください（長いタイトルを入力すると自動的に次の行に入力されます）．

【Journal】ジャーナル名

　フィールドはジャーナルのTermリストと連動して作業するように，自動的に設定されています．そのため，リファレンスに新規のジャーナル名を追加すると，自動的にJournalsリストが更新されます．

【Issue, Volume, Pages】号，巻，ページ

　半角数字を記入します．**155–159**でも**155–9**でもかまいません．**p.**などの文字はタイプしてはいけません．参考文献リスト作成の際にはスタイルの変更でEndNoteが自動的に目的とする形に書き換えてくれます．

【Notes, Abstract】注釈と抄録

　NotesとAbstractフィールドには，ほかのフィールドと同様に，32,000文字まで入力できます．Notesフィールドは，個人的なメモを自由に記入します．

【URL（Uniform Resource Locator）】

　　http://msanuki.com/endnote/

　などのURLアドレスのことです．

第5章　ライブラリの作成（3）手入力

5 入力データの保存

新規に入力されたデータは，リファレンス画面を閉じたところで自動的に保存されます。閉じるには右上の⊠をクリックするか，キーボードから [Ctrl] + [w]（Macintoshでは [command ⌘] + [w]）を押します。

参考　General Display Fontの変更

●フォントサイズ・スタイル

EndNoteのデフォルトとなっている"Plain Text"はArialの12ポイントですが，EndNote設定のDisplay FontsにあるGeneral Display Fontオプションで変更することができます（[Edit]メニューから[Preferences...]を選択し，「Display Fonts」オプションをクリックしてください）。General Display Font設定は，リファレンスを表示するフォントを変更しますが，ワープロ文書の参考文献のフォントは変更しません。

●キーボードコマンド

マウスを使用しキーボードからコマンド入力で新規リファレンスを作成し入力してみます。まず，新規リファレンスの追加には [Ctrl] + [N] を押します。[tab] または [Shift] + [tab] を使って，フィールド間を前後に移動し文献データを入力します。その後，[Ctrl] + [w] を押して，リファレンスを保存し，閉じます。

[Ctrl] + [Shift] + [+] でも，上付き文字にでき，[Ctrl] + [-] でも下付き文字にできます。矢印キー（[←] [→] [↑] [↓]）はフィールド間の行き来に使用できます。

キーボードコマンド機能（Macintoshでは [Ctrl] を [command ⌘] に読み替える）

コマンド	機能
[Ctrl] + [N]	リファレンスの作成
[Ctrl] +クリック	複数のリファレンスの選択
[Shift] +クリック	リファレンスの範囲の選択
[Ctrl] + [E]	選択したリファレンスを開く
[Ctrl] + [W]	アクティブウインドウを閉じる
[Ctrl] + [Shift] + [W]	アクティブウインドウと同じタイプのウインドウをすべて閉じる
[tab]	次のフィールドを選択
[Shift] + [tab]	前のフィールドを選択

テキストが選択された場合

- [Ctrl] + [T] ……………………… テキストスタイルをPlainに設定
- [Ctrl] + [L] ……………………… Plainフォントを選択
- [Ctrl] + [B] ……………………… 太字設定の切り替え
- [Ctrl] + [I] ……………………… イタリック体の切り替え
- [Ctrl] + [U] ……………………… 下線の切り替え
- [Ctrl] + [+] (Numeric keypad) 上付き文字の切り替え
- [Ctrl] + [-] (Numeric keypad) 下付き文字の切り替え

●**特殊文字の入力**

特殊記号，ギリシャ文字，数学記号，印刷記号などを含む特殊文字を使用できます。特殊記号は標準のWindowsフォントの一部であり，ANSI（Latin 1とも呼ばれる）文字セットを使います。ほとんどの記号はSymbolフォントで入力できます。

［特殊記号での文字の入力］

- [Alt]キー（Macintoshでは[Option]）を押しながら，キーボードにあるテンキーでANSIあるいはASCIIコードの番号を入力します。
- 文字がキーボードで入力できる言語であれば，キーボードから直接入力します。

［Macintoshの場合］

ウムラウト文字，アクセント文字はコード番号でなくキーボードから直接入力も可能です。

ウムラウト文字　[Option] + [U] を押したあと直接文字を入力

　例：[Option] + [U] [U] と入力すると　Ü

アクセント文字　[Option] + [E] を押したあと直接文字を入力

　例：[Option] + [E] [O] と入力すると　Ó

●**文字コードの入力**

ANSIコードはWindowsプログラムで通常使用される文字コードであり，ASCIIコードはDOSで使用される文字コードです。最初の128コードはANSIとASCIIに共通です。これらはキーボードにある，大文字，小文字のアルファベット，数字，記号などです。残りの128コードはANSIとASCIIそれぞれ固有のものです。Windowsのキーボードのインタフェースによって，[Alt]（Macintoshでは[Option]）を押しながら，ANSIやASCIIコードをテンキーで入力すると文字が表示されます。コードが0で始まる場合，ANSIコードと解釈されます。その他のコードの場合，Windowsは入力されたコードをASCIIコードと解釈します。

次の表は上段の 128 ANSI コードで作成される文字群です。

制御文字	10進	16進	文字	コード	10進	16進	文字	10進	16進	文字	10進	16進	文字
^@	0	00		NUL	32	20		64	40	@	96	60	`
^A	1	01		SOH	33	21	!	65	41	A	97	61	a
^B	2	02		STX	34	22	"	66	42	B	98	62	b
^C	3	03		ETX	35	23	#	67	43	C	99	63	c
^D	4	04		EOT	36	24	$	68	44	D	100	64	d
^E	5	05		ENQ	37	25	%	69	45	E	101	65	e
^F	6	06		ACK	38	26	&	70	46	F	102	66	f
^G	7	07		BEL	39	27	'	71	47	G	103	67	g
^H	8	08		BS	40	28	(	72	48	H	104	68	h
^I	9	09		HT	41	29	)	73	49	I	105	69	i
^J	10	0A		LF	42	2A	*	74	4A	J	106	6A	j
^K	11	0B		VT	43	2B	+	75	4B	K	107	6B	k
^L	12	0C		FF	44	2C	,	76	4C	L	108	6C	l
^M	13	0D		CR	45	2D	-	77	4D	M	109	6D	m
^N	14	0E		SO	46	2E	.	78	4E	N	110	6E	n
^O	15	0F		SI	47	2F	/	79	4F	O	111	6F	o
^P	16	10		DLE	48	30	0	80	50	P	112	70	p
^Q	17	11		DC1	49	31	1	81	51	Q	113	71	q
^R	18	12		DC2	50	32	2	82	52	R	114	72	r
^S	19	13		DC3	51	33	3	83	53	S	115	73	s
^T	20	14		DC4	52	34	4	84	54	T	116	74	t
^U	21	15		NAK	53	35	5	85	55	U	117	75	u
^V	22	16		SYN	54	36	6	86	56	V	118	76	v
^W	23	17		ETB	55	37	7	87	57	W	119	77	w
^X	24	18		CAN	56	38	8	88	58	X	120	78	x
^Y	25	19		EM	57	39	9	89	59	Y	121	79	y
^Z	26	1A		SUB	58	3A	:	90	5A	Z	122	7A	z
^[	27	1B		ESC	59	3B	;	91	5B	[	123	7B	{
^\	28	1C		FS	60	3C	<	92	5C	\	124	7C	|
^]	29	1D		GS	61	3D	=	93	5D	]	125	7D	}
^^	30	1E	▲	RS	62	3E	>	94	5E	^	126	7E	~
^-	31	1F	▼	US	63	3F	?	95	5F	_	127	7F	

Fig 5-5　ANSI コード表

※コードを入力しても目的の文字が表示されない場合は，[Edit] メニューから [Preferences...] を選択し，「Display Fonts」オプションをクリックして General Display Font の設定を確認します。フォントによっては文字を表示できない場合があります。

この表は米国仕様のキーボード用の上段128 ASCIIコードで作成される文字群です。特殊記号にはASCIIコードで作成できない文字もあるので注意してください。

10進	16進	文字	10進	16進	文字	10進	16進	文字	10進	16進	文字
128	80	Ç	160	A0	á	192	C0	└	224	E0	α
129	81	ü	161	A1	í	193	C1	┴	225	E1	β
130	82	é	162	A2	ó	194	C2	┬	226	E2	Γ
131	83	â	163	A3	ú	195	C3	├	227	E3	π
132	84	ä	164	A4	ñ	196	C4	─	228	E4	Σ
133	85	à	165	A5	Ñ	197	C5	┼	229	E5	σ
134	86	å	166	A6	ª	198	C6	╞	230	E6	μ
135	87	ç	167	A7	º	199	C7	╟	231	E7	τ
136	88	ê	168	A8	¿	200	C8	╚	232	E8	Φ
137	89	ë	169	A9	⌐	201	C9	╔	233	E9	Θ
138	8A	è	170	AA	¬	202	CA	╩	234	EA	Ω
139	8B	ï	171	AB	½	203	CB	╦	235	EB	δ
140	8C	î	172	AC	¼	204	CC	╠	236	EC	∞
141	8D	ì	173	AD	¡	205	CD	═	237	ED	φ
142	8E	Ä	174	AE	«	206	CE	╬	238	EE	∈
143	8F	Å	175	AF	»	207	CF	╧	239	EF	∩
144	90	É	176	B0	░	208	D0	╨	240	F0	≡
145	91	æ	177	B1	▒	209	D1	╤	241	F1	±
146	92	Æ	178	B2	▓	210	D2	╥	242	F2	≥
147	93	ô	179	B3	│	211	D3	╙	243	F3	≤
148	94	ö	180	B4	┤	212	D4	╘	244	F4	⌠
149	95	ò	181	B5	╡	213	D5	╒	245	F5	⌡
150	96	û	182	B6	╢	214	D6	╓	246	F6	÷
151	97	ù	183	B7	╖	215	D7	╫	247	F7	≈
152	98	ÿ	184	B8	╕	216	D8	╪	248	F8	°
153	99	Ö	185	B9	╣	217	D9	┘	249	F9	∙
154	9A	Ü	186	BA	║	218	DA	┌	250	FA	·
155	9B	¢	187	BB	╗	219	DB	█	251	FB	√
156	9C	£	188	BC	╝	220	DC	▄	252	FC	ⁿ
157	9D	¥	189	BD	╜	221	DD	▌	253	FD	²
158	9E	₧	190	BE	╛	222	DE	▐	254	FE	■
159	9F	ƒ	191	BF	┐	223	DF	▀	255	FF	

Fig 5-6 ASCIIコード表

※ASCIIコードの127は，DELのコードです。
　MS-DOSでは，ASCIIコードの8(BS)と同じ効果があります。
　DELのコードの呼び出しには [Ctrl] + [Back Space] キーを使用します。

●文字コード表の使用法

❶ Windowsのスタートメニューで[**プログラム**]または[**すべてのプログラム**]➡[**アクセサリ**]➡[**システムツール**]➡[**文字コード表**]を選択すると，ダイアログ(**Fig5-7**)が表示されます。または，Windowsスタートメニューの検索ボックスに「**文字コード表**」と入力すると，ダイアログ(**Fig5-7**)が表示されます。これが文字コード表です。

Fig5-7

❷ 必要に応じて，Symbolフォントを選択します(ほかのフォントはすべてEndNoteにペーストした時点でTyping Display Fontに変換されます)。

❸ 使用する文字をダブルクリックします。

❹ [**コピー**]ボタンをクリックしてクリップボードに文字をコピーします。

❺ EndNoteに戻り，リファレンスにカーソルを置き，ファイルメニューの[**Edit**]➡[**Paste**]を選択して文字をペーストします。

COLUMN ファイル名の拡張子

　WindowsとMacintoshの間でファイルをやり取りする場合は，拡張子をつけるようにする，ファイル名の文字数や使う文字種に注意（**第15章**p.214参照）することが必要です。拡張子とは，Windowsにおいて，どのアプリケーションにそのファイルを関連づけるかを管理しているもので，ファイル名に含まれる．（ピリオド）の後ろの3～4文字です。「bunken.txt」というテキストファイルでは，通常はメモ帳というアプリケーションで開きます。「bunken.xls」や「bunken.xlsx」ではMicrosoft Excelが，「bunken.enl」や「bunken.enlx」ではEndNoteが開きます。

代表的な拡張子一覧

拡張子		ファイル内容
.txt		テキスト（メモ帳，または秀丸エディタなどのテキストエディタ）
.doc	.docx	Microsoft Word
.xls	.xlsx	Microsoft Excel
.ppt	.pptx	Microsoft PowerPoint
.fp5	.fp7	FileMaker Pro
.pdf		PDF（Adobe Reader）
.enl	.enlx	EndNote
.jpg		JPEG

COLUMN　CiNii（Citation Information by NII）/NII論文情報ナビゲータ

http://ci.nii.ac.jp/

　サイニィと発音します。CiNiiとは，国立情報学研究所（NII；National institute of infomatics）が運営する学術文献のデータベースです（**Fig5-8**）。2014年9月現在，約1,800万の学術論文情報が書誌事項として登録されており，そのうち約400万件の論文本文をPDFとして公開しています。書誌事項はすべてEndNoteに取り込み可能ですが，全文PDFファイルは無料のものと有料のものがあります。

Fig5-8

　EndNoteに書誌事項を取り込むには，検索後に表示されるリストの上部にある「**操作を選択…**」を「**Refer/BibIXで表示**」に変更してファイル保存（**Fig5-9**）してEndNoteからインポート（**第4章**p.37参照）します。

Fig5-9

第6章 ライブラリの管理

ライブラリの管理に必要な知識

　常にライブラリを，よい状態(いつでも使える)に保っておくためには，ライブラリの内容を頻回に更新する必要があります。本章では，ライブラリの管理に必要な操作を紹介します。
　EndNoteには検索機能や並べ替えのほか，重複文献の検索，削除，ライブラリ間での移動，用語リストの整理などライブラリの維持管理に必要な機能がそろっています。

1 ライブラリの作成と簡単な操作

EndNoteでは,データファイルを**ライブラリ**と呼びます。新しいライブラリを作成する場合には,ファイルメニューの[File]➡[New...]を選択します。すでに作成されたライブラリを開くにはファイルメニューの [File] ➡ [Open Library...] で,表示されたファイルから選択します。また,過去に開いたライブラリファイルも一覧から選択できます(**Fig6-1**)。

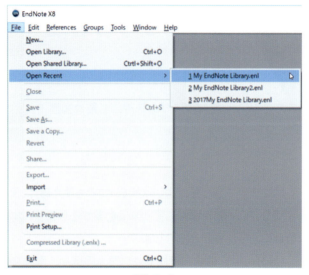

Fig6-1

ライブラリを開くと,リスト(**Fig6-2**)が表示されます。一覧にはAuthor,Year,Titleなどが表示されます。[Reference]タブが選択されています。

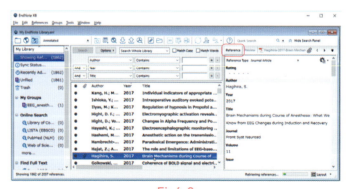

Fig6-2

詳細表示にするには，目的とする文献の行にマウスを合わせてダブルクリックすると，リスト（Fig6-3）が表示されます。

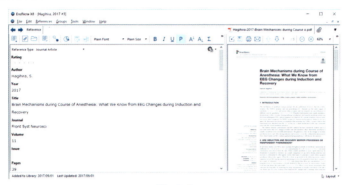

Fig6-3

マウスでリスト欄の別の文献行をクリックすると，文献の選択ができます。文献を選択した状態でキーボードの ↑ または ↓ で別文献に移動できます。また詳細画面（Fig6-3）では左上の ← → マークをクリックすると，前・後の文献に移動できます。同じ文献の別の項目に移動する場合には tab キーを使用します。

リスト表示で複数の文献を選択するには，Ctrl（Macintoshでは command ⌘）を押しながらマウスで文献をクリックします。選択した結果だけを表示させたい場合には，ファイルメニューの [References] ➡ [Show Selected References] を，選択した結果だけ隠したい場合には，ファイルメニューの [References] ➡ [Hide Selected References] を選択します。この場合，「Showing 5 of 5205 references」（5205件のデータから5件を表示している）と左下の欄外に表示されます（Fig6-4）。すべてのデータを表示させるには，ファイルメニューの [References] ➡ [Show All References] を選択します。

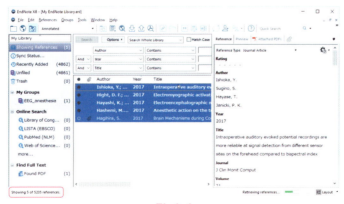

Fig6-4

COLUMN　ライブラリの保存場所

　ライブラリに同じ名前をつけてしまって，現在，どのライブラリが開いているのかがわからないことがあります。そういった場合にはメニュー[Tools] ➡ [Library Summary...]を開くと，ダイアログ(Fig6-5)が現れて，ライブラリの在処が`Location:`の後ろに表示されます。

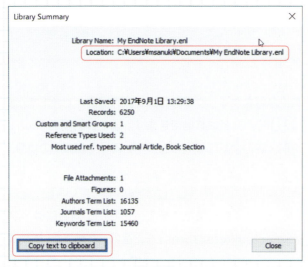

Fig6-5

　それを見て，ファイルを探せばよいでしょう。また，左下にある[Copy text to clipboard]ボタンをクリックするとクリップボードに内容がコピーされますので，テキストエディタなどに貼り付けると，ダイアログを閉じても内容を残すことができます。

2 ライブラリ間での文献のコピー&ペースト，削除など

1. ライブラリに登録した文献を別のライブラリにコピーする場合

❶ まず，コピー元のライブラリを開きます。次にコピー元のライブラリから `Ctrl`（Macintoshでは `command⌘`）を押しながらマウスでコピーしたい文献を選択します（`Ctrl` を押すことで複数の文献が選択できます）(**Fig6-6**)。

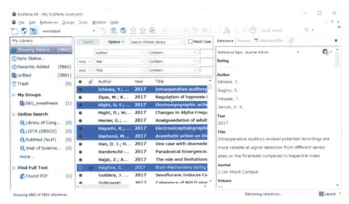

Fig6-6

❷ ファイルメニューの[Edit]➡[Copy]（Copy Formattedではない）を選択（または，右クリックでコンテクストメニューを表示させて，[Copy]を選択）します。コピー先のライブラリを[File]➡[Open]➡ファイル名で開き，ファイルメニューの[Edit]➡[Paste]でコピーできます(**Fig6-7**)。

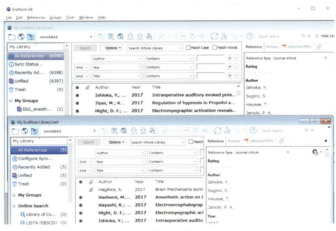

Fig6-7

2. ライブラリから文献を削除する場合

削除したい文献をマウスで選択（複数選択の場合は Ctrl を押しながら選択）し，ファイルメニューの [Edit] ➡ [Cut] または [Edit] ➡ [Clear] または [References] ➡ [Move References to Trash] を選択します。いずれの場合も，Trashグループに移動します。間違った場合はもとに戻せます。

3 ライブラリの検索

ライブラリ内の検索を行うには，ライブラリの右上にある [Show Search Panel]（Fig6-2）タブをクリックします。Fig6-8のようなダイアログが表示されます。

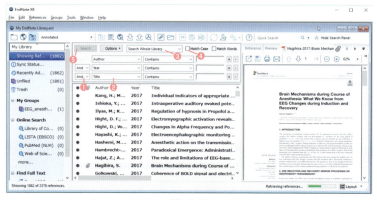

Fig6-8

該当する項目フィールド名のところに検索語句を入れ [Search] ボタンをクリックします。❶複数のキーワードを入れたいときには，And，Or，Notが使用できます。❷検索条件には，Contains（含む），Is（＝：等しい），Is less than（＞：より小さい），Is less than or equal to（＜＝：以下），Is greater than（＞：より大きい），Is greater than or equal to（＞＝：以上），Field begins with（〜ではじまる），Field ends with（〜で終わる），Word begins with（〜という単語ではじまる）が使用できます。❸Search Whole Library（ライブラリ全体を検索）をクリックするとAdd to showing references（表示文献に検索結果を加える），Search showing references（表示文献から検索），Omit from showing reference（表示された文献から検索結果を隠す）との切り替えが可能です。なお，前の2つは全文献が表示されているときには選択できません。❹マウスのクリックでチェックを入れると「Match Case」（大小文字を区別）になります。必要項目を入力して，❺左上の [Search] ボタンをクリックするとSearch Resultsというグループが表示され，そこに結果が入っています（Fig6-9）。

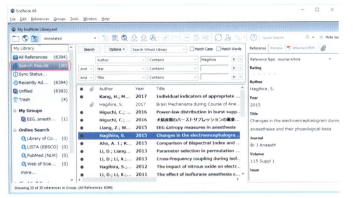

Fig6-9

検索の実際

【例1】発行年の絞り込み

2010年から2017年までの文献を探すときには，Fig6-10のように，検索フィールドはYearに，2017以下（Is less than or equal to）かつ（And），2010以上（Is greater than or equal to）と条件を入力して左上の［Search］ボタンをクリックします。

Fig6-10

【例2】複数条件の組み合わせ検索

Millerという著者が含まれている文献で，2010年以降の抄録のないものを探してみましょう。3つのカラムを使って，上からAuthorに，Millerが含まれ（Contains），かつ（And），Yearが2010より後（Is greater than）で，かつ（And），Abstractがない（キーワード欄を空欄にします）と条件入力して，左上の［Search］ボタンをクリックします（Fig6-11）。

Fig6-11

※キーワード欄に何も入力していない場合には，そのフィールドに何も入っていないものが検索できます。

COLUMN　検索…こんなときには？

●複数のライブラリが開いている場合
Searchコマンドは1つのライブラリ内を検索するものです。
複数のライブラリが開いているときには最前面のライブラリに対して有効です。

●空欄のフィールドの検索
検索したいフィールドを指定し，`is`を選択します。用語欄は空白にしておきます。

●Yearフィールド
1999年までなら下二桁の入力でも検索可能ですが，2000年以降は4桁入力が必要です。

●検索の中止
検索中に Esc を押します。

●Searchウインドウのレイアウトの保存と検索条件の保存
ウインドウのレイアウト（検索項目の数やウインドウの型など）を保存するには，Fig 6-12 の [Options...] をクリックして，[Set Default] を選択します。別の機会に保存したレイアウトを呼び出すときには [Restore Default] を選択します。また，検索条件を保存したい場合には，[Save Search] を，呼び出したい場合には [Load Search] を選択します。

Fig6-12

5 ライブラリの並べ替え

文献リスト表示（Fig6-13）で，Author, Year, Titleと書かれたところをクリックすれば，その項目の並べ替えが可能です。Author, Year, Titleを複数回クリックすると降順，昇順が入れ替わります。

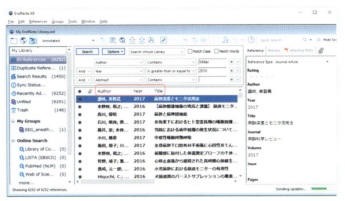

Fig6-13

あるいはファイルメニューの[Tools] ➡ [Sort Library...]を選択します。Fig6-14のようなダイアログが表示されます。ダイアログのポップアップリストをクリックすると並べ替えの項目を選択でき，右側の⇅をクリックすると，昇順，降順が選択できます。並べ替えの優先順位は上にある項目ほど高いので，2項目以上指定する場合は，優先順位を考えて項目を選択してください。並べ替えの対象になる項目はすべてのフィールドです（Fig6-15）。

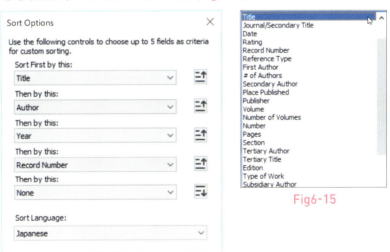

Fig6-14

Fig6-15

6 重複文献の検索と削除

ライブラリ内の文献数が多くなってくると，同じ文献を複数回，登録してしまうことがあります。このような重複文献を検索する機能がEndNoteにはあります。

❶ ファイルメニューの [References] ➡ [Find Duplicates] を選択すると，Groupsに自動的にDuplicate Referencesが作成され，その中に重複文献がリストアップされます（Fig6-16）。

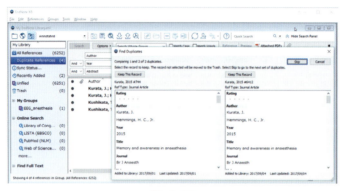

Fig6-16

❷ リスト画面（Fig6-16）だけではなく，重複候補の比較画面が表示されます。内容（Fig6-17）を確認してください。まったく同じなら，どちらを削除してもかまいませんが，異なる場合にはよく考えて削除をする必要があります。Fig6-17では，「Kurata, 2015　#744」と「Kurata, 2015　#6412」を比較すると#744と#6412ではDOIなどの情報に違いがあります。

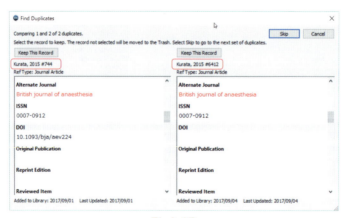

Fig6-17

❸ 残したい方の [Keep This Record] をクリックして下さい。また，比較している論文がまったく異なるものであれば [Skip] ボタンをクリックして，どちらも削除しないようにします。削除されたものはいずれもTrashグループに入ります（Fig6-18）。

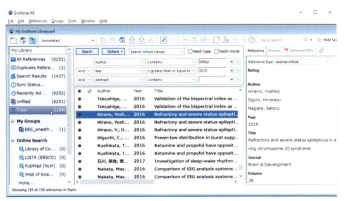

Fig6-18

COLUMN 二重登録のEndNote内部での管理

　プログラム内部では，Author，Year，Titleのみをチェックして重複を判定しています。著者名のファーストネームはイニシャルのチェックのみで判定しています。たとえば，Sanuki, MichiyoshiとSanuki, M.は重複文献と判定されてリストアップされます。

●文献データのEndNote内部での管理

　Fig6-17でわかるように，ここの文献データレコードに番号を振り，内容ではなくレコード番号で管理されています。一度，ここから引用文献を作成したレコードを削除するときちんとリンクしなくなりますので，引用文献を作成している場合はレコードを安易に削除せず，バックアップファイルを作成して，別のファイルからレコードを削除することが望ましいと思います。

7 ライブラリのレコードをアップデート（オンライン時）

ライブラリにいったん取り込んだか自分で登録した文献の書誌事項は，時に一部に誤りがあったり，項目が欠損していたりすることがあります。そういった場合，オンラインに接続した状態では，ほかのデータベースからさらに完全な書誌事項のデータをダウンロードできます。

1つあるいは複数の文献を選択した状態で，ファイルメニュー[References] ➡ [Find Reference Updates…]を選択すると，オンライン上のデータを探して表示します(Fig6-19)。ここで，[Updates All Fields]または[Updates Empty Fields]を選択して，該当するレコードをアップデートできます。

Fig6-19

8 Termリスト（用語リスト）

Author（著者名），Journal（雑誌名），Keyword（キーワード）フィールドには，**Term**リストという登録するたびに自動で用語のリストを作成する機能があります。これは，用語を統一する場合に威力を発揮します。インターネットからの文献データを入力している場合には，あまり必要はありませんが自分で文献を登録した場合には，何度も出てくる同じ言葉を一つの表現にしてリストから選択することができれば，入力も速くなります。また，キーワードに関しては同じ意味の言葉をついつい別の表現（例：鎮痛薬と鎮痛剤，機能低下と機能不全）で登録してしまったりすることがなくなります。また，Journal Termリストでは，参考文献内の長いジャーナル名を短縮し，置き換えることもできます。

なお，新しいリファレンスをライブラリに直接入力あるいはインポートやペーストで入力する場合，EndNoteはTermリストを自動的に追加・変更します。作成されたTermリストはライブラリ内でのみ有効（別のライブラリのTermリストには影響を及ぼしません）です。

※用語のアップデートや自動完成機能を使用しない場合は，[Edit]➡[Preferences...]（ユーザ設定）にある「Term Lists」で，設定を解除します（Fig6-20のチェックをはずします）。

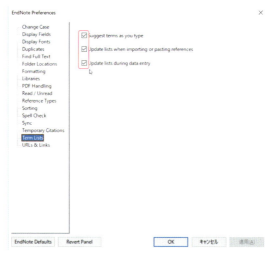

Fig6-20

1. Termリストへの新規登録

●Termリストに用語を手動で追加する

通常は自動的に登録されますのでその必要はありませんが，手動でも可能です。

❶　ファイルメニューから[Tools]➡[Define Term Lists...]を選択し，編集するTermリスト（「Authors」，「Journals」，「Keywords」のいずれか）を選択します（Fig6-21）。

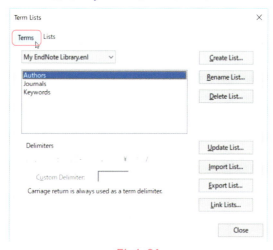

Fig6-21

❷　「Authors」を選択して[Terms]タブをクリックするとFig6-22が表示されます。

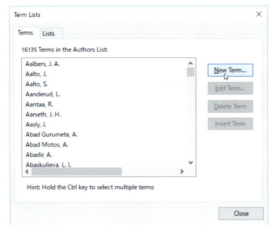

Fig6-22

❸ [New Term...]ボタンをクリックします。

❹ 用語を入力し[OK]をクリックする(Fig6-23)と，用語がリストに追加されます。

なお，すでに登録してある用語を入力するとFig6-23の[OK]ボタンは灰色のまま，二重登録はできないようになっています。

Fig6-23

「Journals」の場合は，Fig6-24が表示されます。

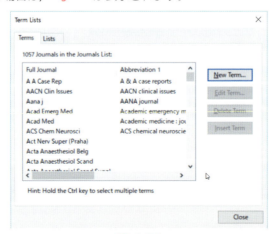

Fig6-24

●リスト間の用語のコピー

　リスト間で用語を迅速に転送する方法に，あるリストから用語をコピーして別のリストにペーストする方法があります。

- ❶　ファイルメニューから [Tools] ➡ [Define Term Lists...] を選択し，コピーする用語のあるリストを選択します。
- ❷　[Terms] タブを選択し，コピーする用語を選びます（複数の用語を選択するには，[Ctrl] + クリック，[Shift] +クリックで範囲を選択します）。
- ❸　右クリックで表示されるメニューから [Copy] を選びます。
- ❹　コピー先のリストを開き，右クリックで表示されるメニューから [Paste] を選びます。

●ほかのソースからの用語のコピー

　テキストから用語をコピーし，Termリストに直接ペーストすることができます。一度に複数の用語をコピーする場合は，用語を改行で区切り，1行につき1つの用語をペーストします。

　作成中の文書から言葉をコピーしてTermリストにそれをペーストするには，ワープロでその用語を選択してコピーします。その後EndNoteに切り替えて，ペースト先のTermリストを開き，[Edit Term...] ボタンをクリックして右クリックで表示されるメニューから [Paste] を選びます。この場合，新しい用語が自動的に作成されるので，[New Term] コマンドを使用する必要はありません。

●用語をテキストファイルからインポート

　なお，EndNoteフォルダのTerms Listsフォルダに，JournalリストとしてMedical.txt，Chemical.txt，Humanities.txtなどの取り込み用語リストがありますので，Medical.txtを取り込んでみましょう。

- ❶　ファイルメニューの [Tools] ➡ [Define Term Lists...] を選択し，[Lists] タブから「Authors」，「Journals」，「Keywords」のうちからインポートしたいリストをクリックして選びます（ここでは，「Journals」を選択しました）。
- ❷　Fig6-25 で [Import List...] ボタンを選びます。

71

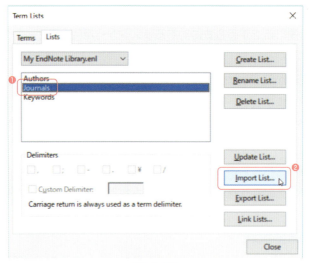

Fig6-25

❸ インポートするテキストファイル（Medical.txt）を選び［開く］をクリックします（**Fig6-26**）。新しい用語がインポートされ，Termリストにアルファベット順にソートされます。

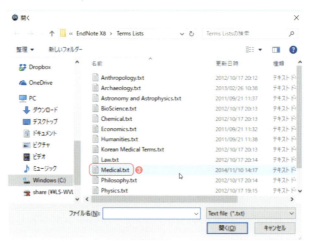

Fig6-26

※用語を正しくEndNoteにインポートするには，Tab-Delimited（タブ区切り）テキストファイルで1件が1行に書かれていることが条件です（**Fig6-27**）。ワープロで用語のリストを作成した場合，インポートできるように，ワープロのSave Asコマンドを使ってテキスト形式で保存してください。

Fig6-27

●用語をテキストファイルにエクスポート

　ライブラリ間でリストを移動する方法として，ほかのTermリストにTermリストをエクスポートし，それをインポートすることができます。また，Termリストをエクスポートしてワープロやテキストエディタで開いて印刷することもできます。なお，TermリストはEndNoteから直接印刷はできません。

❶　ファイルメニューの[Tools] ➡ [Define Term Lists...]を選択し，[Lists]タブから「Authors」，「Journals」，「Keywords」のうちからエクスポートしたいリストをクリックして選びます。

❷　Fig6-25で[Export List...]ボタンを選びます（ここでは，「Journals」を選択しました）。

❸　エクスポート中に作成されるテキストファイルに名前を付け，保存します。

❹　[保存]をクリックすると，用語はテキストファイルにエクスポートされ，アルファベット順で1行に1つの用語がリスト化されます。

2. Termリストの編集と削除

Termリストの用語はすべて，ライブラリのリファレンスやTermリストとフィールド間のリンクに影響することなく，修正や削除ができます。

❶　ファイルメニューから [Tools] ➡ [Define Term Lists...] を選択し，編集する項目のTermリスト（「Authors」，「Journals」，「Keywords」のいずれか）を選択します。

❷　[Terms] タブから用語を選択し，[Edit Term...] ボタンをクリック（Fig6-28）します。複数の用語を選択しても，最初の用語だけが開きます。

❸　必要に応じて用語を変更し，終了したら [OK] をクリックします。修正された用語はTermリストにある元の用語と置き換えられます（すでに同じ用語がある場合，[OK] ボタンは無効になります）。

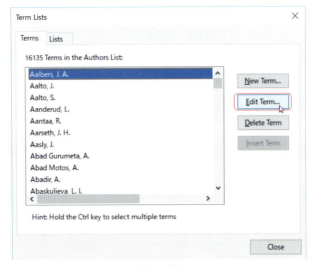

Fig6-28

●削除する場合は

❶　ファイルメニューから [Tools] ➡ [Define Term Lists...] を選択し，削除する項目のTermリスト（「Authors」，「Journals」，「Keywords」のいずれか）を選択します。

❷　[Terms] タブから用語を選択し，[Delete Term...] ボタンをクリック（Fig6-28）します。Ctrl ＋クリックで複数の用語を選択すれば，同時に複数の項目が削除できます。

※なお，Termリストから用語を削除しても，ライブラリのリファレンスからは削除されません。

第7章 参考文献リストの自動作成

　EndNoteでの参考文献リストの作成には，大きく分けて3つの方法があります。

　第1の方法は，独立参考文献の作成と呼ばれています。ほかの2つの方法と違い，本文中に文献番号を振らずに，参考文献のリストのみを作成します。この方法は手軽で，引用する文献数が少ないときには重宝します。また，テキストエディタ(テキスト書類)でも使用できるので万能です。

　第2の方法は，CWYW (Cite While You Write－作成しながら引用)と呼ばれています。

　第3の方法は仮引用をすべて行った後に一括して参考文献の自動作成を行う方法でMicrosoft WordのAdd-inに連動する方法とFormat Paperを用いる方法があります。

第7章 参考文献リストの自動作成

1 独立参考文献の作成

Copy Formattedを使用する方法と，Print Previewを使用する方法，Exportを使用する方法があります。前2者は，文献数が少ない場合に重宝します。

1. Copy Formattedを使用する方法

❶ ライブラリを開いて，[Ctrl]＋クリックでリストに並べたい文献をクリックして選択した後，ツールバー(**Fig7-1**)からフォーマットしたい形式を選択(この場合[**Numbered**])します。

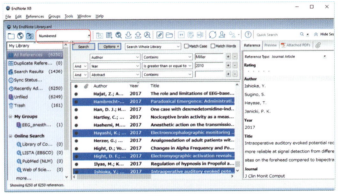

Fig7-1

❷ ファイルメニューから[**Edit**]➡[**Copy Formatted**]を選択([Ctrl]＋[K])した後，テキストエディタ(たとえばEmEditor)で書類を開いてペーストします(**Fig7-2**)。

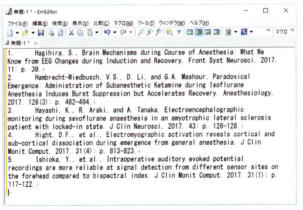

Fig7-2

出力される順番は**Fig7-1**の画面で並んでいる順番です。Author，Year，Titleをクリックしてあらかじめ希望する順に並べてから[**Copy Formatted**]を行ってください。

2. Print Previewを使用する方法

直接印刷する方法です。

❶ Copy Formattedの❶と同様にします。

❷ ファイルメニューから [File] ➡ [Print Preview] を選択します．表示される画面を [印刷] ボタンをクリックして印刷します．

この場合，出力される順番は **Fig7-1** の画面で並んでいる順です．Author，Year，Titleをクリックしてあらかじめ希望する順番に並べ替えてから [Print Preview] を行ってください(**Fig7-3**)．

Fig7-3

3. Exportを使用する方法

❶ Copy Formattedの❶と同様にします．

❷ ファイルメニューから [File] ➡ [Export...] を選択し表示されるダイアログで適当なファイル名をつけて保存します．この場合，Text形式，RTF形式，HTML形式，XML形式の書類として出力できます．

2 CWYW（Cite While You Write －作成しながら引用）

● CWYW（いわゆるインスタントフォーマットを使用する場合）

この方法は，1件ずつの文献をEndNoteからMicrosoft Wordにコピー＆ペーストすることにより，ファイルの最後に文献リストを1件ずつ自動で加える動作となります．

❶ EndNoteのライブラリと上記のWordで書いた論文を起動しておきます（ここで，Wordの文書名が半角英数字だけでなければファイル名をつけ直しておく必要があります．全角文字やスペースが入っているとうまく動作しません）．

❷ ライブラリを開いて，Ctrl＋クリックでリストに並べたい文献をクリックして選択します(**Fig7-4**)。

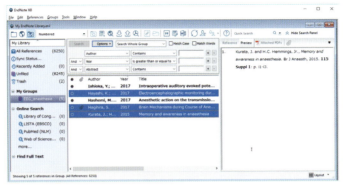

Fig7-4

❸ ファイルメニューから[**Edit**]➡[**Copy**]を選択(Ctrl＋C)した後，Wordで開いている論文の文献挿入箇所を一度マウスでクリックし，EndNote X8 Add-inの(**Fig7-5**)[**Insert Selected Citetion(s)**]をクリックしてペーストします。

Fig7-5

❹ **Fig7-6a**のように引用されます。

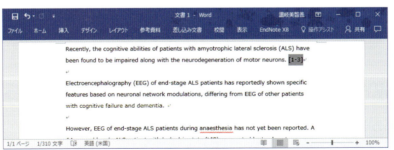

Fig7-6a

❺ 同じWord文書の最後には，参考文献が自動的に貼り付けられています（**Fig7-6b**）。上記の❷〜❹を繰り返して必要な箇所にすべて付けると完成です。

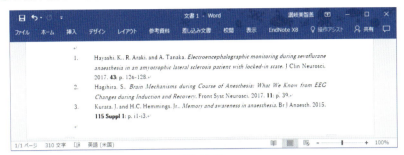

Fig7-6b

3 仮引用の後に一括して参考文献を自動作成する方法

1．Microsoft WordのAdd-in連動

この方法では，EndNoteからMicrosoft Wordに文献のコピー＆ペーストをすべて行った後，一括で参考文献を自動で付け加える動作となります。

❶ EndNoteのライブラリと上記のWordで書いた論文を起動しておきます。

❷ ライブラリを開いて，Ctrl＋クリックでリストに並べたい文献をクリックして選択（クリックした順にリストが作成されます）します（**Fig7-7**）。EndNoteのファイルメニューから[Edit]➡[Copy]を選択（Ctrl＋C）した後，Wordで開いている論文の挿入箇所をクリックし，Wordのファイルメニューから[編集]➡[貼り付け]（またはCtrl＋V）でペーストします。

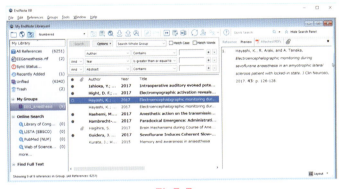

Fig7-7

❸ **Fig7-8**のように，仮引用がされますが，すぐに引用形式の文献番号に変換され，末尾には文献リストが添付されます．

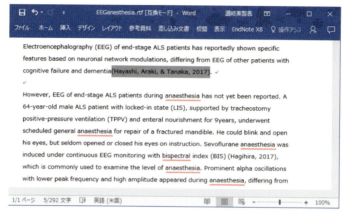

Fig7-8

❹ 上記の❷と❸を繰り返して必要な箇所にすべてつけ終えた後，EndNoteバーの 📝（**Fig7-9**）をクリックすれば，ダイアログ（**Fig7-10**）が表示されますので，「**With output style:**」の該当するスタイルを選択して [**OK**] ボタンをクリックすると，引用文献が最後に作成されます（**Fig7-11**）．

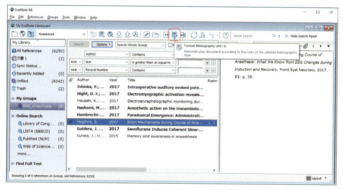

Fig7-9

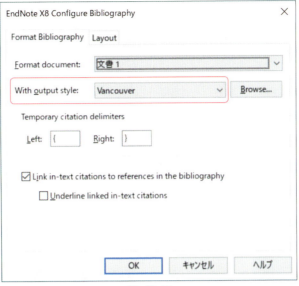

Fig7-10

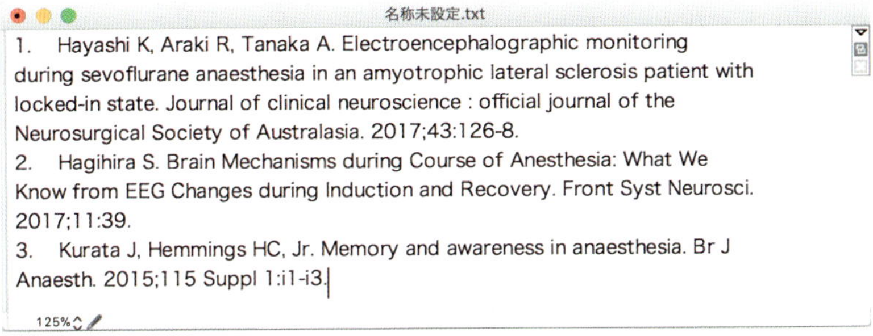

Fig7-11

※WordのEndNote X8 Add-inの方にも同じアイコン📑 Update Citations and Bibliographyがあります。こちらでも上部にあるStyleをあらかじめ選択しておけば同様の結果が得られます（**Fig7-12**）。

Fig7-12

2. Format Paperを使用する方法

この方法は，Microsoft WordのAdd-inがうまく働かないときに有用です。

❶ p.79「1．Microsoft WordのAdd-in連動」の❶〜❸を繰り返して，仮引用を完成させた後，Wordのファイルメニューから [ファイル] ➡ [名前を付けて保存] を選択して表示されるダイアログで，「ファイルの種類」にリッチテキスト形式 (RTF) を選択して [保存] ボタンをクリックしてください (Fig7-13)。

Fig7-13

❷ すべてのアプリケーションを終了してEndNoteの該当するライブラリだけを起動して，ファイルメニューから [Tools] ➡ [Format Paper] ➡ [Format Paper...] を選択してください。ダイアログが表示されますので，該当するRTF形式のファイルを選択してください (Fig7-14)。このとき，RTFファイルがデスクトップにないことを確認してください。デスクトップにあるときには別の場所に移動させてください (p.18重要参照)。

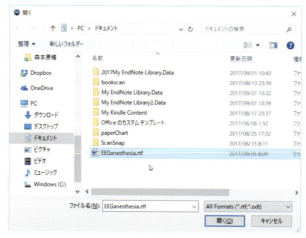

Fig7-14

❸ このファイルを「開く」と，ダイアログ（Fig7-15）が表示されますので，「Output Style:」で目的の投稿誌を選択して［Format...］をクリックすると，スキャンが始まり参考文献を添付した別のRTFファイルを作成します（Fig7-16）。

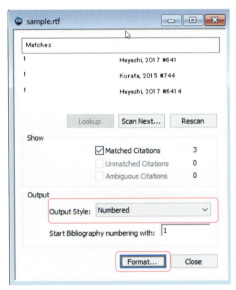

Fig7-15

Fig7-16

COLUMN　Export Traveling Library

　Fig7-11のように引用文献を作成したWordファイルのみを持っているとします。Export Traveling Libraryとは，このファイルからEndNoteのライブラリを簡易的に作成する機能です。WordのEndNote X8 Add-inにある [Export Traveling Library]（Fig7-17）をクリックすることでライブラリを作成できます。レコード番号については、異なったものが登録されますので，注意が必要です。共著者間で使用すると，Wordファイルのやりとりだけでライブラリも送ることができるので非常に便利です。

Fig7-17

COLUMN　Citation Markerを変更する

　仮引用の際に使用するカッコは｛ ｝または< >がよく，［ ］はおすすめできません。［ ］の場合，原子記号に使用することがあり，誤って引用箇所を判定する可能性があります(Fig7-18)。デフォルトは｛ ｝になっています。

Fig7-18

重要　日本語対応について

　MacOS X版で，医中誌Webからのダウンロードデータが取り込めないトラブルが起きることがあります。

　原因はプログラム内でUTF-8として処理する方法を採用したために起こっているようです。MacintoshのUTF-8ではBOM（Byte Order Mark）というコードがファイルの先頭に付いている必要がありますが，ダウンロードしたデータにはこれが付いていないことによるものです。対策としては，BOMをつけることができるエディタ（Windowsでは標準のメモ帳や秀丸エディタ，EmEditorなど，MacOS XではJedit X[※]）でファイルを開いて，BOMをつけて保存し直す処理が必要です。

　MacOS XのJedit Xでは，［環境設定］を開いて［保存］タブにある「**UTF-8書類は先頭にBOMを付加して保存する**」にチェックをつけておく（Fig7-19）と，［ファイル］➡［別名で保存］（Fig7-20a）で表示されるダイアログでエンコーディングを「Unicode（UTF-8）」として保存する（Fig7-20b）ことができます。

　Windowsに標準で付属するメモ帳（［プログラム］➡［アクセサリ］➡［メモ帳］で開くことができる）では，ファイルを開いて［ファイル］➡［名前を付けて保存］（Fig7-21）で表示されるダイアログで，文字コードを「UTF-8」として保存し直す（Fig7-22）とBOM付きで保存できます。

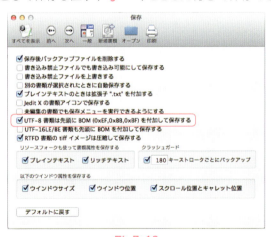

Fig7-19

※ Jedit Xではversion 1.21以後でBOM付のUTF-8形式ファイルが作成できるようになりました。

Fig7-20a

Fig7-20b

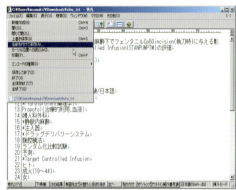

Fig7-21

Fig7-22

COLUMN　テキストエディタ使用の勧め

　テキストファイルを取り扱うときにWordなどを開くと時間がかかります。そこで，おすすめなのがテキストエディタです。起動が速いですし，サイズの大きい文書を開くときにもストレスはありません。Windowsでは，秀丸エディタやEmEditorが定評があります。MacintoshではJedit Xです。Jedit Xは，RTFファイルも取り扱えて文献リストの作成時にも重宝します。

第 8 章

参考文献スタイル，インポートフィルタ，コネクションファイル

EndNoteの各種定義ファイルのわかりやすい解説

　本章では，各種定義ファイルの設定について解説します。定義ファイルには，出力形式を決める参考文献スタイル，EndNoteにデータを入力するためのインポートフィルタやコネクションファイルがあります。

第8章 参考文献スタイル，インポートフィルタ，コネクションファイル

1 Styleとは

EndNoteは，数多くのジャーナルの参考文献書式に従ってフォーマットし参考文献リストを作成することができます。EndNoteでは参考文献書式のことをStyleと呼んでいます。

●Natureでは

Macquaire, V., Cantraine, F., Schmartz, D., Coussaert, E. & Barvais, L. Target-controlled infusion of propofol induction with or without plasma concentration constraint in high-risk adult patients undergoing cardiac surgery. *Acta anaesthesiologica Scandinavia* 46, 1010-6（2002）．

●Scienceでは

V. Macquaire, F. Cantraine, D. Schmartz, E. Coussaert, L. Barvais, Target-controlled infusion of propofol induction with or without plasma concentration constraint in high-risk adult patients undergoing cardiac surgery. *Acta anaesthesiologica Scandinavia* 46, 1010-6（Sep, 2002）．

というように，雑誌によって参考文献の書式が違います。有名誌はすでにEndNoteに登録済みです。

2 Styleの作成方法

投稿する雑誌のStyleが登録されていれば，それを使用すればよいのですが，登録されていない雑誌の場合には，自分でStyleを作成しなければいけません。通常はファイルメニューから［Edit］→［Output Styles］→［New Style...］を選択して作成しますが，既存のStyleからよく似たものがあれば，それをひな形として選択してファイルメニューから［Edit］→［Output Styles］→［Edit "○○"］で変更を加えることによって作成します。例題として，医学雑誌「麻酔」では，著者名（6名まで）．題名．誌名（正式略称）発行年（西暦）；巻数：開始ページ終了ページ（略記）．となっており，

というような形式です。この形式は，医学雑誌の多くで採用されているVancouverスタイルの変形だと考えられますので，Vancouverスタイルを編集して雑誌「麻酔」のStyleを作成してみます。まず，Vancouverスタイルのテンプレートを開きます。

❶ EndNoteのメニュー，［Edit］→［Output Styles］→［Open Style Manager...］を選択します（**Fig8-1**）。すると**Vancouver**という名前のStyleがありますのでこれを修正して使用できるようにします。**Fig8-1**の右側にある［Edit］ボタンをクリックします。

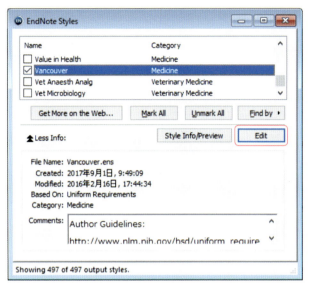

Fig8-1

❷ ダイアログ（Fig8-2）が表示されますので，左の欄から［Bibliography］→［Templates］を選択して，右の欄の「Journal Article」にある「(Issue)」を削除してください。

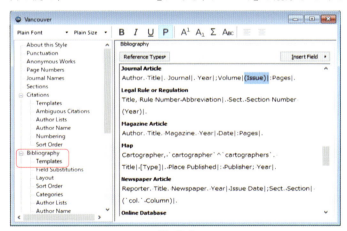

Fig8-2

❸ Fig8-3の左側の[Citations]➡[Templates]を選択して右の欄に現れる,「(Bibliography Number)」の( )をはずし,「Bibliography Number」の文字を選択し,バーの A¹ をクリックして上付き文字に変更します.修正が終了したら,ウィンドウ右肩の⊠をクリックします.

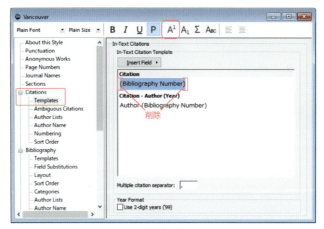

Fig8-3

❹ ダイアログ(Fig8-4)が表示されますので,[はい]をクリックすると設定が保存されます.

Fig8-4

❺ Style nameを `masui` に変更して[Save]ボタンをクリックして下さい(Fig8-5).

Fig8-5

インストールした時点では,入っていなかった雑誌のStyleも今はホームページ上に登録されているかもしれません.Styleを作成する前にhttp://www.endnote.com/downloads/styles (Fig8-6)をのぞいてください(または,インターネットに接続されていればファイルメニューから[Help]➡[Web Styles Finder...]を選択してください).ホームページにあれば,Styleを新たに作成する必要はなく,ファイルをダウンロードして,Styleフォルダに入れるだけで済みます.

Styleフォルダは「マイコンピュータ」➡「C:(ローカルディスク)」➡「Program Files」フォルダ➡「EndNote X8」フォルダ➡「Styles」フォルダ(Macintoshの場合は「アプリケーション」➡「EndNote X8」➡「Styles」)にあります(Fig8-9参照).

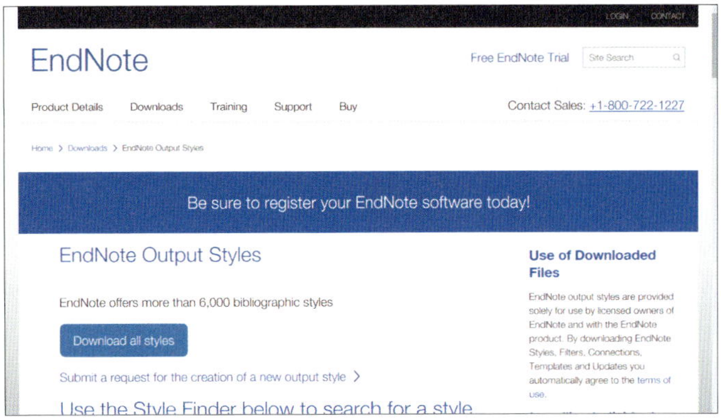

Fig8-6

COLUMN　Vancouverスタイル

　生物医学系雑誌の編集者グループが，文献表記の世界的な標準化を目指して作成した"Uniform Requirements for Manuscripts Submitted to Biomedical Journals"（生物医学雑誌への投稿のための統一規定）という表記法があります。1978年に会議が開かれた地名をとって「Vancouverスタイル」と呼ばれています。文献の表記だけでなく，研究者の心構えのようなことまで踏み込んでおり，参考になります。

　最新版の「生物医学雑誌への投稿のための統一規定」日本語訳（2010年4月版）はhttp://www.honyakucenter.jp/usefulinfo/pdf/uniform_requirements2010.pdf　原文はhttp://www.icmje.org/にありますので，一度目を通しておくことをお薦めします。

　この統一規定の原文は，数年ごとに改訂され，最近では2016年12月に改訂されています。

第8章 参考文献スタイル，インポートフィルタ，コネクションファイル

参考 代表的な参考文献スタイル

Vancouver	
引用番号	The The frequency of yawning was higher with thiopental than propofol. However, the frequency of apnea was higher with propofol than thiopental (1, 2).
フォーマット	1. Kim DW, Kil HY, White PF. Relationship between clinical endpoints for induction of anesthesia and bispectral index and effect-site concentration values. Journal of clinical anesthesia. 2002;14(4):2415. Epub 2002/06/29. 2. Ropcke H, Konen-Bergmann M, Cuhls M, Bouillon T, Hoeft A. Propofol and remifentanil pharmacodynamic interaction during orthopedic surgical procedures as measured by effects on bispectral index. Journal of clinical anesthesia. 2001;13(3):198207. Epub 2001/05/30.

Author-Date	
引用番号	The frequency of yawning was higher with thiopental than propofol. However, the frequency of apnea was higher with propofol than thiopental (Ropcke, Konen-Bergmann et al. 2001; Kim, Kil et al. 2002).
フォーマット	Kim, D. W., H. Y. Kil, et al. (2002). "Relationship between clinical endpoints for induction of anesthesia and bispectral index and effect-site concentration values." J Clin Anesth 14(4): 241245. Ropcke, H., M. Konen-Bergmann, et al. (2001). "Propofol and remifentanil pharmacodynamic interaction during orthopedic surgical procedures as measured by effects on bispectral index." J Clin Anesth 13(3): 198207.

Annotated	
引用番号	The frequency of yawning was higher with thiopental than propofol. However, the frequency of apnea was higher with propofol than thiopental（Ropcke, Konen-Bergmann et al. 2001; Kim, Kil et al. 2002）．
フォーマット	1. Kim, D. W., H. Y. Kil, et al.（2002）．"Relationship between clinical endpoints for induction of anesthesia and bispectral index and effect-site concentration values." J Clin Anesth 14（4）：2415. 2. Ropcke, H., M. Konen-Bergmann, et al.（2001）．"Propofol and remifentanil pharmacodynamic interaction during orthopedic surgical procedures as measured by effects on bispectral index." J Clin Anesth 13（3）：198207.

Numbered

引用番号	The frequency of yawning was higher with thiopental than propofol. However, the frequency of apnea was higher with propofol than thiopental [12] .
フォーマット	1. Kim, D.W., H.Y. Kil, and P.F. White, *Relationship between clinical endpoints for induction of anesthesia and bispectral index and effect-site concentration values.* J Clin Anesth, 2002. 14（4）: p. 2415. 2. Ropcke, H., et al., *Propofol and remifentanil pharmacodynamic interaction during orthopedic surgical procedures as measured by effects on bispectral index.* J Clin Anesth, 2001. 13（3）: p. 198207.

Science

引用番号	The frequency of yawning was higher with thiopental than propofol. However, the frequency of apnea was higher with propofol than thiopental (*1, 2*).
フォーマット	1. D. W. Kim, H. Y. Kil, P. F. White, Relationship between clinical endpoints for induction of anesthesia and bispectral index and effect-site concentration values. *Journal of clinical anesthesia* 14, 241 (Jun, 2002). 2. H. Ropcke, M. Konen-Bergmann, M. Cuhls, T. Bouillon, A. Hoeft, Propofol and remifentanil pharmacodynamic interaction during orthopedic surgical procedures as measured by effects on bispectral index. *Journal of clinical anesthesia* 13, 198 (May, 2001).

Nature

引用番号	The frequency of yawning was higher with thiopental than propofol. However, the frequency of apnea was higher with propofol than thiopental [1,2].
フォーマット	1 Kim, D. W., Kil, H. Y. & White, P. F. Relationship between clinical endpoints for induction of anesthesia and bispectral index and effect-site concentration values. *Journal of clinical anesthesia* 14, 241245 (2002). 2 Ropcke, H., Konen-Bergmann, M., Cuhls, M., Bouillon, T. & Hoeft, A. Propofol and remifentanil pharmacodynamic interaction during orthopedic surgical procedures as measured by effects on bispectral index. *Journal of clinical anesthesia* 13, 198207 (2001).

3 インポートフィルタとは

インターネットサイトから得られた文献データはそれぞれ，独自の形式で提供されるため，そのままコピー＆ペーストしただけではEndNoteのデータとしては入力することができません。そこで，これらの特殊な形のデータをEndNoteのデータに変換するためにフィルタが必要です。[Edit]
➡[Import Filters]➡[Open Filter Manager...]で一覧を見ることができます(Fig8-7)。

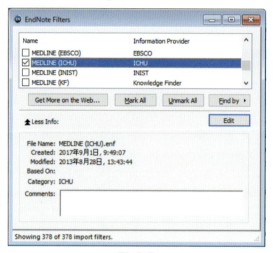

Fig8-7

おなじMEDLINEでも提供する会社によって出力の形式が異なるために，各々のフィルタが必要になることが見て取れます。通常は，有名なデータベースのフィルタは作成済みですので自分で作成することはありません。

また，EndNote購入時に含まれていない新しいインポートフィルタファイルはhttp://www.endnote.com/downloads/filters（**Fig8-8**）から，ダウンロードできます。

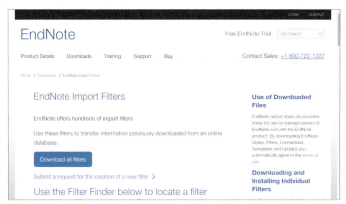

Fig8-8

　日本語文献関連のフィルタは，ユサコのEndNote登録ユーザー専用ページ（https://www2.usaco.co.jp/shop/ensupport/filters.aspx）からもダウンロードできます。**表8-1**が現在（2014年2月）ダウンロードできるフィルタです。

第8章 参考文献スタイル，インポートフィルタ，コネクションファイル

表8-1　Import Filters（ユサコユーザー専用ホームページより）

ベンダー	データベース
NII	CiNii
CAS	SciFinder
NLM	PubMed
JST	JDream Ⅱ
医学中央雑誌刊行会	医中誌 Web（Refer BibIX 形式）
	医中誌 Web（タグ付き形式）
	医中誌 Web
Thomson Scientific	Web of Science
JAICI	CA on CD
OvidSP	EMBASE
OvidSP	Ovid Nursing Database

ダウンロードしたファイルは，「マイコンピュータ」➡「C:（ローカルディスク）」➡「Program Files」フォルダ➡「EndNote X8」フォルダ➡「Filters」フォルダ（Macintoshの場合は，「アプリケーション」➡「EndNote X8」➡「Filters」）に入れてください（**Fig8-9**）。

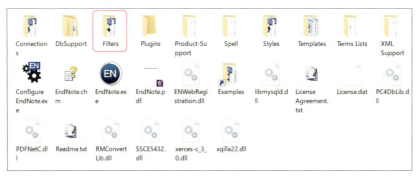

Fig8-9

4 コネクションファイルとは

［Tools］➡［Online Search...］を選択すると，オンラインデータベースに接続するコネクションファイルのリストが表示されます。このリストから目的とする接続先を選択すると，EndNoteに直接データが取り込まれます。コネクションファイルには，接続，検索，リモートデータベースからリファレンスを取り込むために必要な条件が書かれています。PubMedなどのオンラインデータベースに接続するにはインポートフィルタでなくコネクションファイルが必要になります。ちなみに，オフラインでダウンロードした文献ファイルを取り込むにはインポートフィルタが必要です。

また，EndNote購入時以降に作成されたコネクションファイルは
http://www.endnote.com/downloads/connections（**Fig8-10**）
から，ダウンロードできます。

ダウンロードしたファイルは，「マイコンピュータ」➡「C:（ローカルディスク）」➡「Program Files」フォルダ➡「EndNote X8」フォルダ➡「Connections」フォルダ（Macintoshの場合は，「アプリケーション」➡「EndNote X8」➡「Connections」）に入れてください（**Fig8-9**参照）。

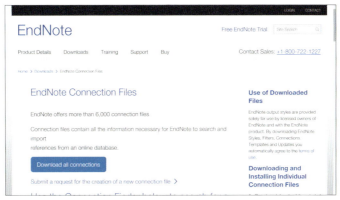

Fig8-10

COLUMN　EndNote関連ホームページ

●**EndNote.com**

（本家EndNoteホームページ）

http://www.endnote.com/

　ここには，EndNoteのトライアルバージョンのほか，プログラムupdateファイル，スタイルファイル，フィルタファイル，コネクションファイルなどがあり，たびたび訪れてチェックする必要があります。

●**ユサコ**

（日本でのEndNoteの総代理店）

http://www.usaco.co.jp/products/isi_rs/endnote.html

　EndNoteに関する日本でのサポート状況などがあります。また，ここからEndNoteの購入注文ができます。また，ユーザー登録者のみにアクセスできるサポートページも用意されています。ここには，日本語に訳した全文マニュアルも用意されています。

●**EndNote活用ガイド**

http://msanuki.com/endnote/

　著者の提供するEndNoteに関連した情報サイトです。本書に関連した内容で，新しい情報を発信していきます。

第9章 EndNote basic（旧 EndNote Web）

　EndNote basic は，ISI Web of Knowledge プラットフォーム上で提供されている Web 版の文献管理・論文執筆支援ツールです。インターネット上でアプリケーションなしで，EndNote の機能を実現する Web ツールです。インターネット接続環境と IE や FireFox などの Web ブラウザのみで文献管理が行えます。インターネットに接続できないときには，アプリケーション版，接続できるときには Web 版というようにデータの移行もスムーズです。

1. **EndNote® basic（無料：my.endnote.com から登録）**
   保存できるレコード数5万件，保存できるファイル2GB，アウトプットスタイル21種
2. **EndNote® basic (with Web of Knowledge)（無料：webofknowledge.com から登録）**
   保存できるレコード数5万件，保存できるファイル2GB，アウトプットスタイル3,300種
3. **EndNote®（有料：デスクトップ版からアクセス）**
   保存できるレコード数無制限，保存できるファイル無制限，アウトプットスタイル3,300種
   デスクトップ版のライブラリと完全に一致するように同期します。
   ＊EndNote デスクトップ版は，アウトプットスタイルが7,000種以上で，編集も可能です。
   詳細比較は p.236 参照。

※ここでは EndNote の Web 版ツールを総称して EndNote basic と呼びますが，表記上は EndNote® や EndNote® basic，EndNote® Web と表記されるものもあります。基本的には同じものを指すと考えてよいと思います。

1 EndNote basicの機能

EndNote basicはアプリケーション版のEndNoteと同様に，3つの機能を持っています。

❶ 文献を集める
文献を手入力したり，文献検索サイトから取り込んだりすることができます。

❷ 文献を管理する
文献データベースにPubMedや医中誌Webからデータを取り込んだ後，並び替え，検索，フォルダの管理が可能です。また，手入力で1件ずつ入力することも可能です。PDF文献の管理も可能になっています(X5以降)。

❸ 文献の形式を整える
雑誌の投稿スタイルに合わせた参考文献リストを自動作成できます。

❹ EndNoteとの連携
アプリケーション版EndNoteとの間でデータをやりとりできます。

2 EndNote basic の動作環境と制限

●Webブラウザ

Microsoft Edge

Microsoft Internet Explorer 8.X以降

Mozilla Firefox 27以降

Google Chrome31以降

Safari 5.0以降

*クッキーとJava Scriptを有効にする必要があります。

●Windows Plug-in の動作環境

Microsoft Windows XP SP3以降/ Vista/ Windows7/ Windows8

Microsoft Word 2003/ 2007/ 2010/ 2013

Microsoft Internet Explorer 7.X～9.X

Firefox Windows版(デフォルトのWebブラウザに設定している場合)

●Macintosh Plug-in の動作環境

Macintosh OS X 10.6以降

Microsoft Word 2008 SP1/ 2011

Firefox Macintosh版（デフォルトのWebブラウザに設定している場合）
●**動作制限**
ライブラリのレファレンスデータ上限は50,000件（無料版）
レファレンスデータ内の各フィールドでは，64,000バイトが上限
オフライン（インターネット接続なし）では使用できない
※詳細な機能比較はp.246参照

3　EndNote basic日本語サポートサイト

以下のサイトで簡易日本語マニュアルがダウンロード可能です。
http://clarivate.jp/media/support/enw/enw_qrc_jp.pdf

4　EndNote basicのURLとログイン方法

http://www.myendnoteweb.com
にアクセスし，E-mailアドレスとパスワードを入力することでログインが可能です（**Fig9-1**）。
（E-mailアドレスとパスワードは，あらかじめアカウント登録をすることで取得しておきます。登録は**Fig9-1**の画面上部のアカウントの登録の「Sign up」をクリックすることで登録画面が開きます。）

Fig9-1

第9章 EndNote basic（旧 EndNote Web）

　EndNote X8をインストールしたときにEndNote basicを登録しなかった場合には，アプリケーション版EndNoteのメニュー［Edit］➡［Preferences］➡［Sync］（Windows版），［EndNote X8］➡［Preferences］➡［Sync］（Macintosh版）に記入すればEndNote basicが使用できるようになります（Fig9-2）。

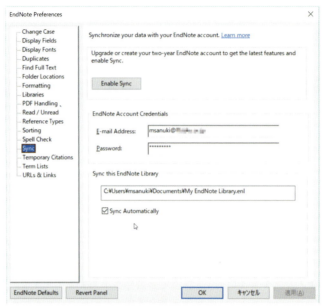

Fig9-2

　アプリケーション版EndNoteがあれば［Sync］してWebが使えます。
　ログインを初めて行った場合にはFig9-3が表示されます。

Fig9-3

5 EndNote Webのメニュー

Fig9-3の上部タブに示されたものがメニューです。メニューには5つの分類項目，マイレファレンス，収集，構成，フォーマット，オプションという項目があります。マイレファレンスには，それぞれのレコードを蓄積するフォルダが表示されています。収集にはレコードを手入力・オンライン検索・インポートするためのメニューがあります。構成にはグループの管理・重複文献の削除などのメニューがあります。フォーマットにはレコードを引用文献リストに変換するためのメニューがそろっています。またオプションには，設定の変更のメニューが集まっています。右上のヘルプは詳細な説明が表示されます。

●マイレファレンス

●収集

●構成

●フォーマット

●オプション

第9章　EndNote basic（旧EndNote Web）

6　EndNoteからEndNote Webへのデータ転送

1. Endnote X6以降

Endnote X6以降では，転送ではなくSync（同期）ができるようになっています。

[Edit]➡[Preferences]➡[Sync]にFig9-2のようにIDとパスワード，EndnoteLibraryのありかを入力し，[Enable Sync]をクリックすることによって，自動的に同期します。

2. EndNote X.0.2以降EndNote X5まで

EndNote X.0.2からは，EndNote basicとデータをやり取りできる機能が追加されています。一度に転送できるのは500件までです。

❶ 転送する，あるいは受け入れるライブラリを開き，メニュー[Tools]➡[EndNote Web...]を選択します（Fig9-4）。

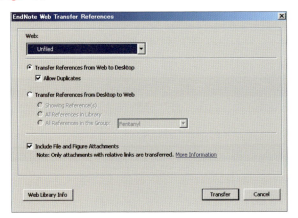

Fig9-4

❷ 転送元・転送先のライブラリ，およびどちらに転送するのかを指定します。
　上がWebからEndNote，下がEndNoteからWebです。
　※Webからの転送の際に重複を除去する場合は，「Allow Duplicates」のチェックを外します。

❸ [Transfer]ボタンをクリックするとEndNoteのデータ，あるいはEndNote Webのデータが転送されます。

3. EndNote 9／それ以前のバージョン

EndNote 9またはそれ以前のバージョンの場合，EndNoteから適切なフォーマットに変換してEndNote Webへインポートすることができます。

❶ EndNoteで，EndNoteのツールバーからStyle Selectionドロップダウンメニューをクリックして[Select Another Style]を選択します。
❷ 表示されたダイアログで「RefMan（RIS）Export」を選択し，[Choose]をクリックします。
❸ メニュー[File]➡[Export...]を選択して，表示されるダイアログでテキストファイルの名前と場所を選択し，[保存]をクリックします。
❹ EndNote Webで，メニュー[収集]にある「レファレンスのインポート」を選択します（Fig9-5）。
❺ 「レファレンスのインポート」のウィンドウで，[参照...]ボタンをクリックしてフィールド1のテキストファイルを選択し，フィールド2のドロップダウンで，「RefMan RIS」インポートフィルタを選択します。[インポート]ボタンをクリックすると，レファレンスがUnfiledフォルダにインポートされます。

Fig9-5

7 文献を集める（EndNote Webに取り込む）

文献をEndNote Webに入力するには以下の5つの方法があります。
1．手入力
2．PubMed，医中誌Webでの検索結果のテキストから
3．直接オンライン検索サイトから
4．EndNoteから転送する（p.104を参照）
5．Web of Knowledgeから（施設での契約必要）

▌1.手入力

自分で文献情報を手入力することができます。
[収集]の「新しいレファレンス」をクリックするとデータの入力画面（Fig9-6）になります。必要事項はすべて入力してください。

Fig9-6

2.PubMed，医中誌Webでの検索結果のテキストから

　PubMed（p.27〜30）や医中誌Web（p.37〜39：Refer/BibIXではなくMedline形式で保存します）からの検索結果のテキストを保存します。そこで保存したテキストファイルをEndNote Webにインポートできます。

❶　メニュー[**収集**]から「**レファレンスのインポート**」を選択すると**Fig9-7**が表示されます。ここで，PubMedやJICSTからダウンロードしたファイルをインポートします。

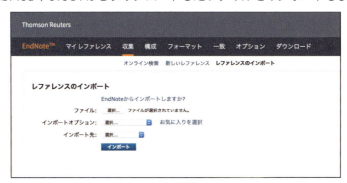

Fig9-7

❷　はじめに「**ファイル**」に取り込みたいテキストファイルを指定します。次に「**インポートオプション**」から取り込むテキストの形式を選択します（**Fig9-8**）。PubMedの場合**PubMed (NLM)**，医中誌Webの場合**MEDLINE(ICHU)**，JICSTの場合**JICST(STN)**です。「**インポート先**」ではグループを指定します。

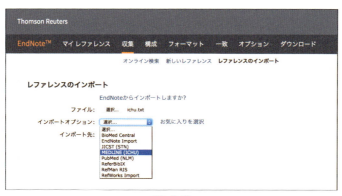

Fig9-8

❸ ［**インポート**］ボタンをクリックすると取り込まれます（**Fig9-9**）。

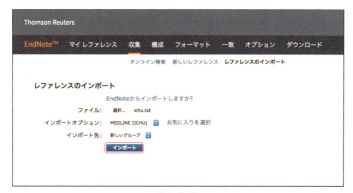

Fig9-9

※日本語データで文字化けするときは，EmEditor，秀丸エディタ（Windows），Jedit X（Mac）で開いてUTF-8（BOM付）で保存しなおす必要があります。詳しくは，p.85～86の重要「日本語対応について」を参照してください。

COLUMN　EndNote basicのWebサイト表示

有料版では，EndNote（**Fig9-10**），無料版ではEndNote basic（**Fig9-11**）と表示されます。

Fig9-10

Fig9-11

COLUMN　医中誌Webからのダイレクトエクスポート

　医中誌Webからは，EndNoteにもEndNote Webにもダイレクトエクスポートができます（詳細はp.39を参照）。ダイレクトエクスポートでは，医中誌Web検索画面で検索結果を選択したのち，ダイレクトエクスポートを実行します（Fig9-12）。実行するといきなりEndNote basicに切り替わってインポートされています（Fig9-13）。Web上で連携しているかのような動きで，感激します。

Fig9-12

Fig9-13

■ 3.直接オンライン検索サイトから

PubMedなどのISI Web of Knowledge 製品以外のデータベースを検索し，レコードを保存することが可能です。PubMed を検索し，EndNoteにデータを取り込む方法を示します。

❶ メニュー[収集]の「オンライン検索」をクリックして，PubMed(NLM) を選択して(接続するデータベースは，「お気に入りを選択」をクリックして事前に選んでおきます)，[接続]ボタンをクリックします(Fig9-14)。

Fig9-14

❷ 表示された検索画面で，検索語(この場合はpropofolとTCI)を入力して，[検索]ボタンをクリック(Fig9-15)すると検索結果が表示(Fig9-16)されます。

Fig9-15

Fig9-16

❸ 文献リストが表示されたら，保存のために，「**グループに追加…**」で新しいグループを作成するか，転送するグループ名を指定します(**Fig9-17**)。

Fig9-17

8 文献を管理する

▎1.グループ作成

メニュー［構成］の「**マイグループの管理**」を選択すると新しいグループ名を作成できます(**Fig9-18**)。

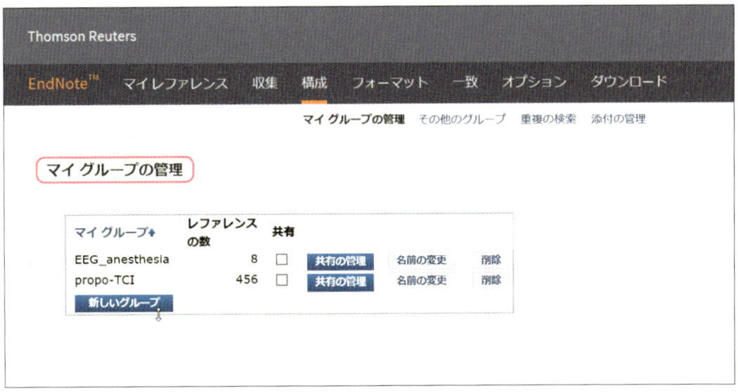

Fig9-18

■ 2.グループ間の文献移動，文献の削除

❶ 目的とする文献を，マウスクリックで**チェックマークをつけて選択した後**，メニュー[マイレファレンス]にある[削除]ボタンをクリックすると文献が削除されます(**Fig9-19**)。

❷ その隣にある[クイックリストにコピー]をクリックすると，クイックリストという特別なグループに文献が移動します(**Fig9-19**)。

Fig9-19

❸ その右上にある「グループに追加…」から目的のグループを選択することもできます。

■ 3.重複文献の検索

メニュー[構成]の「重複の検索」を選択すると重複文献の候補が表示されます。

4. フォルダを共有する

フォルダをほかのEndNote Webユーザと共有することができます。メニュー［構成］の「マイグループの管理」をクリックして表示される画面（Fig9-20）で，共有したいグループを選択（「共有」にチェック）し，［共有の管理］をクリックすると，共有したいユーザーのメールアドレス入力欄がでます（Fig9-21）。［適用］をクリックします。

共有したいフォルダがFig9-20で表示されていないときには，［新規グループ］ボタンをクリックして作成してください。

Fig9-20

Fig9-21

9 参考文献リストの作成（文献形式を整える）

1．EndNote basicからEndNoteへのデータ転送（EndNote X5以前）

　EndNote basicに蓄積したレコードを，EndNote デスクトップ版などへエクスポートする方法です。※この方法は無料版EndNote basicとのデータやりとりの場合です。Syncが使用できるデスクトップ版EndNoteの場合は自動で同期されます。

❶　[マイレファレンス]でエクスポートしたいレコードをチェックした後，[クイックリストにコピー]をクリックします(Fig9-22)。

Fig9-22

❷　メニュー[フォーマット]の中の「エクスポート」をクリックして表示される画面(Fig9-23)で，「レファレンス」にクイックリストを，「スタイル」にRefMan(RIS)Exportを選択して[保存]ボタンをクリックすると，EndNoteアプリケーションに取り込み可能なファイルRISが作成できます。

Fig9-23

第9章 EndNote basic（旧EndNote Web）

❸ もしくは，アプリケーション版EndNoteを起動し，転送したいライブラリを開きます。「Tools」の中の「EndNote Web...」をクリックすると，Fig9-24のようなダイアログが表示されます。EndNote Webの中のグループ名を選択し，「Transfer References from Web to Desktop」をチェックして[Transfer]ボタンをクリックします。

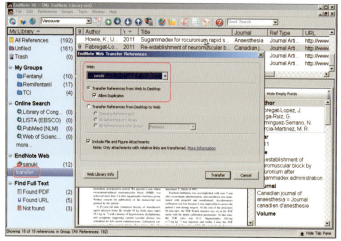

Fig9-24

2.引用文献の自動作成（1）

●Format Paper：一気に引用文献を作成する方法

❶ Microsoft Word（RTF形式で保存したもの）の原稿を用意し，引用する箇所に {著者の苗字，出版年} と入力します。例 {Cafielo, 2008} (Fig9-25)

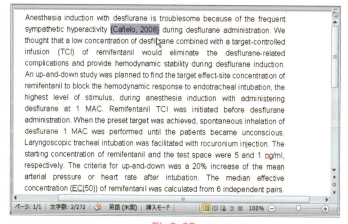

Fig9-25

同じ著者で同じ出版年に複数の文献があれば，下記のように書き換えて論文を区別させます．
｛著者の苗字，論文タイトル｝｛第一著者，出版年；第二著者，出版年｝｛ ，出版年，論文タイトル｝ と入力します．

❷ EndNote Webであらかじめ Word に取り込もうとする文献にチェックをつけます（複数可）（**Fig9-26**）．

Fig9-26

❸ EndNote Web のメニュー［**フォーマット**］の「**引用文献のフォーマット**」をクリックします（**Fig9-27**）．

❹ 「**ファイル**」は❶で作成した RTF 形式のファイルを指定します（［**参照...**］ボタンをクリック）．

❺ 「**書誌スタイル**」で出力形式を選択（この場合 Anesthesiology）して，最後に［**フォーマット**］ボタンをクリックします（**Fig9-27**）．

Fig9-27

115

❻ Word上で｛ ｝で囲んだ1件の文献を，EndNote Web上で認識しました（**Fig9-28**）。
　※セキュリティー保護のため，ブラウザでポップアップブロッカーが設定されている場合，「ファイルのダウンロード」をクリックして下さい。

❼ Word上にAnesthesiologyのフォーマットで引用文献が追加されたものが作成されます（**Fig9-28**）。

Fig9-28

これを保存した後開いてみると文献が挿入されています（**Fig9-29**）。

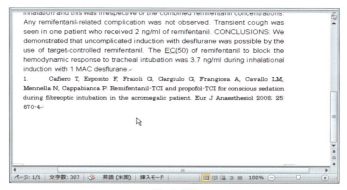

Fig9-29

3.引用文献の自動作成（2）

●CWYW（Cite While You Write）：作成しながら引用する方法

（Microsoft WordのAdd-in連動）
→EndNote Webに蓄積したレコードを検索してから引用文献を一つずつ作る方法

❶ はじめに，メニュー［フォーマット］にある「CWYW（Cite While You Write）™プラグイン」をクリックして表示されるCite While You Writeのプラグインを「Windows版をダウンロード」または「Macintosh版をダウンロード」をクリックしてダウンロード（Fig9-30）して，インストールしておきます。

Fig9-30

❷ Microsoft Wordの原稿を用意し，カーソルを引用する箇所に合わせ，次に「Style」のところで作成したい雑誌（この場合はAnesthesiology）を選択します。Microsoft Wordのリボンの虫眼鏡のボタンをクリック（Fig9-31）します。

Fig9-31

❸ 次に，［Find］ボタン左横に引用したい文献のタイトルなどを入力して［Find］ボタンを押します。しばらくすると検索結果が表示されます（**Fig9-32**）。

Fig9-32

❹ 該当する文献をカーソルで選び，［Insert］ボタンをクリックします。
❺ ❷でカーソルをあわせた箇所に「¹」が表示され，レポートの最後尾に

1. Albertin A, Poli D, La Colla L, Gonfalini M, Turi S, Pasculli N, La Colla G, Bergonzi P, Dedola E, Fermo I: Predictive performance of 'Servin's formula' during BIS-guided propofol-remifentanil target-controlled infusion in morbidly obese patients. Br J Anaesth 2007; 98: 66-75.

のように引用文献の形式が追加されます（**Fig9-33**）。これを繰り返して，引用文献を完成させます。

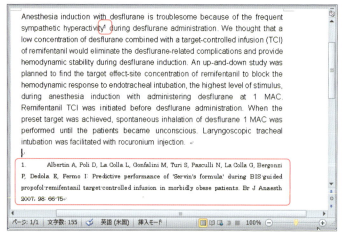

Fig9-33

注目　WordのCWYWプラグインをEndNote Webに変更するには

❶ EndNoteタブ（プラグイン）の[Preferences]をクリックします（Fig9-34）。

Fig9-34

❷ 表示されたダイアログ（Fig9-35）の「Application」タブのAppliction:を[EndNote]から[EndNote online]に変更します。

Fig9-35

❸ CWYWプラグインがEndNoteに変更されます（Fig9-36）。

Fig9-36

COLUMN　EndNote と Evernote

　EndNoteとEvernoteは非常に名前が似ていて，よく間違えられます。EndNoteは，もともと文献データベースで，書誌事項を文字データとしてデータベース管理して引用文献リストを作成するために開発されたものです。それが，全文文献（PDF）ファイルを取り込むことができるようになり，文献管理ソフトウエアとしての地位を確立しました。一方，Evernoteは情報管理ソフトで，文献を管理するために作成されたものではありませんが，文字情報，写真，PDF，ファイル，Web切り取りなどコメントを付けてフォルダ管理できるような構造をしています。全文PDFファイルをフォルダごとに分けて管理すれば，文献管理にも使えます。しかし，書誌事項を取り出して加工することはできないし，引用文献リストを作成することも容易にはできません。EndNoteが文献管理に特化したソフトウエアで，文献を読むことも，自分で論文を書くときに引用文献リストを作成することも可能であるのに対して，Evernoteは，文献を読むためにPDFを管理するのには役立ちます。

　EndNoteが，工夫をしなければ，主としてローカルなPCの上でのみデータベースを管理するのに対して，Evernoteはインターネット環境につながっていれば，何も特別なことをしなくても多数のPCやモバイル機器でデータを確認することができます。筆者は，本気の文献管理にはEndNote，興味を持っただけの文献はEvernoteで管理しています。ほかにも，多くの文献管理ソフトが存在しますが，あまり多くのソフトウエアで文献管理しているといざというときにPDFファイルが散逸して見つかりません。1～2のソフトウエアを，その役割を見極めて使う必要があります。

第10章 EndNote for iPad

　EndNote for iPad（無料）は，iPad上で文献情報の表示・編集・整理・共有を簡単に行うことができます。PDFファイルの添付も可能です。

　Web上のEndNote basic（無料）やEndNote X6以降のバージョンと同期することができるため，iPad上で文献リストからPDF文献を読んだり，手書きのメモを追加することが可能です。特に，内蔵されたPDFビューワーでの文献PDFの閲覧，書き込み，校正機能は秀逸です。参考文献リストの生成で利用するのではなく文献をスマートに持ち歩くツールが無料で提供されています。

　本アプリの文献リスト同期の制限はありませんが，PDFや画像を同期するには拡張機能をもったアクティブなEndNote Webアカウント（Windows版，Mac版を購入することにより入手可能）が必要です。

第10章 EndNote for iPad

1 EndNote basic（EndNote Web）との同期設定

まずはじめに，EndNote（Macintosh版およびWindows版デスクトップ）とEndNote basic（旧EndNote Web）とEndNote for iPadの関係を理解しておきましょう（**Fig10-1**）。

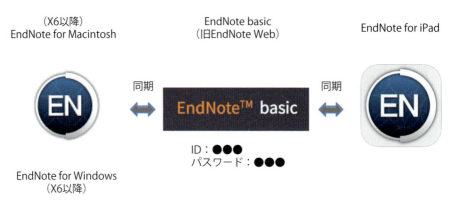

Fig10-1　EndNote 関係図

EndNote basic（旧 EndNote Web）のID（メールアドレス）とパスワードをキーとして，EndNote（Macintosh版およびWindows版デスクトップ）とEndNote for iPadにそれぞれ同期することができます。

EndNote for iPadを使う前に，EndNote basic（旧 EndNote Web）のIDとパスワードを確認することが必要です。複数のEndNote basicのIDを持っている場合には，どのIDと連携するかを決めます。また，別のIDと連携する場合には，EndNote for iPad側の設定で，IDを変えることにより再同期が可能です。

❶ EndNote for iPadを起動(**Fig10-2**)して,右上の設定ボタン(「＋」の左側)をタップします.

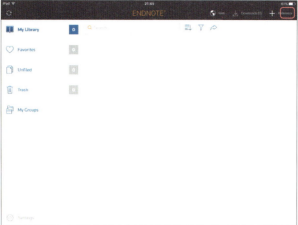

Fig10-2

❷ 設定ダイアログが表示されます(**Fig10-3**)ので,EndNote basic(旧EndNote Web)のIDがあれば,Sign In,なければCreate Accountで作成して,同期したいIDとパスワードを設定してください.

Fig10-3

第10章 EndNote for iPad

2 EndNote for iPadの構成

Fig10-4

3 EndNote basic(EndNote Web)との同期

Fig10-4の上部左側にある，同期ボタン をタップすると，同期されます。

4 Webサイトでの検索とiPadへのデータ取り込み

組み込みのWebブラウザにより，ほぼすべてのインターネットサイトを閲覧することができます。Webボタンで，検索サイトにアクセスすることができます。PubMedに設定していますので，PubMedを検索して，検索結果を取り込む例を示します。

❶ まず，Webボタンをタップしてください。PubMedが開きます。ここで，`TCI remifentanil`と入力して検索します（**Fig10-5**）。

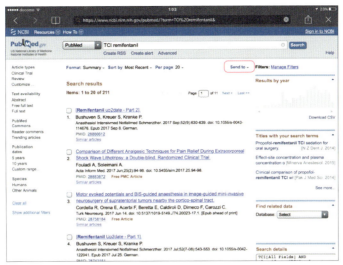

Fig10-5

❷ 「Send to:」をタップして，［Citation manager］を選択し，［Create File］をタップします（**Fig10-6**）。上段に表示される[Save]を選択（**Fig10-7**）すると，Downloadsに書誌事項ファイル（citations.nbib）が取り込まれます。Downloadsにある「citations.nbib」をタップ（**Fig10-8**）すると，EndNoteデータベースに書誌事項として取り込まれます。

Fig10-6

125

第10章　EndNote for iPad

Fig10-7

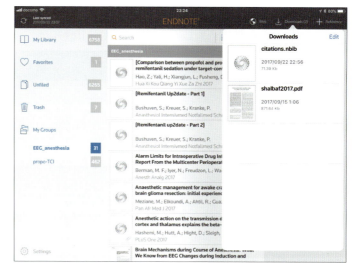
Fig10-8

5 添付ファイル（PDF）の読み込み

PDFおよびグラフィックファイルを添付ファイルとして追加することができます。

❶ Downloadsから，ファイルを添付ファイルとしてレファレンスにドラッグ＆ドロップすることができます（Fig10-9）。

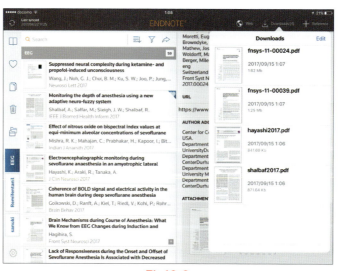
Fig10-9

❷ Mailの"Open In…"オプションまたは他のアプリの"Open In…"オプションを使用して「EndNoteで読み込む」を選択する(Fig10-10)と，ファイルをEndNoteに追加できます。

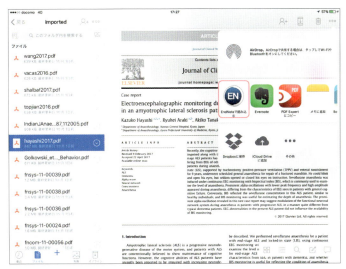

Fig10-10

6 添付PDFの閲覧と書き込み

文献情報に添付したPDFファイルを閲覧することや書き込んで保存することができます。

❶ PDFファイルの閲覧には，リスト表示された左にある文献PDFのプレビューアイコンをタップ(Fig10-11)します。

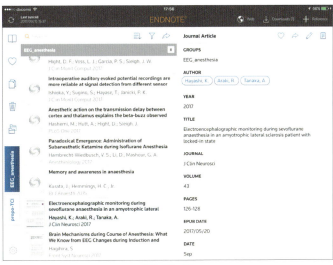

Fig10-11

❷ PDFファイルが開きます（**Fig10-12**）。閲覧のほか，メール添付，印刷，他のアプリでの読み込みが可能です。印刷には，上部の真ん中のアイコンをタップ（**Fig10-13**）します。

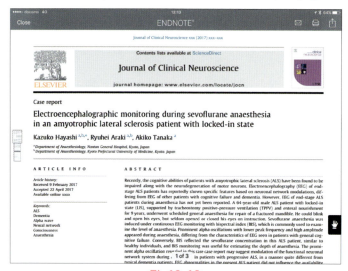

Fig10-12

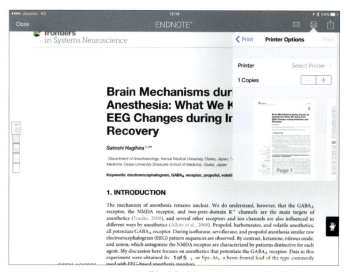

Fig10-13

❸ PDFファイルへの書き込みには，右隅にある（手の形）アイコンをタップ（**Fig10-14**）して表示されるツールの2番目の（筆）アイコンをタップ（**Fig10-15**）して表示される，size（太さ），color（色），opacity（透過性）を選択し書き込みます（**Fig10-16**）。

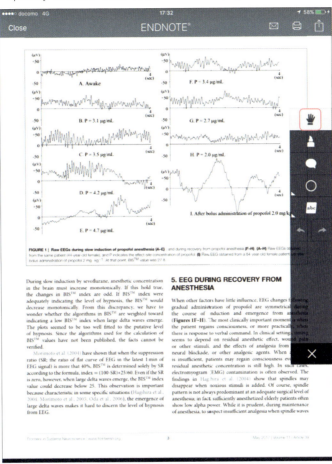

Fig10-14

第10章　EndNote for iPad

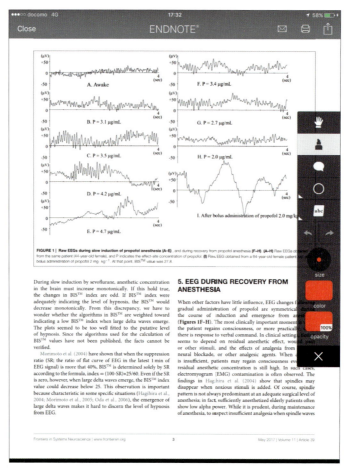

Fig10-15

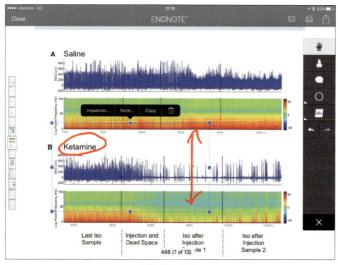

Fig10-16

7 ライブラリ内文献の検索とソート

●検索

　ライブラリ内の文献を検索するには，リスト表示画面（Fig10-17）の左上のSearchフィールドをタップします。関連オプションがSearchフィールド直下に表示（Fig10-18）されますので，「Title」，「Author」，「Publication」，「Everything」のうち検索したい項目（「Everything」はすべての項目対象）を選択した後，キーワードをSearchフィールドに入力すると，入力途中でも候補がリスト表示されます。

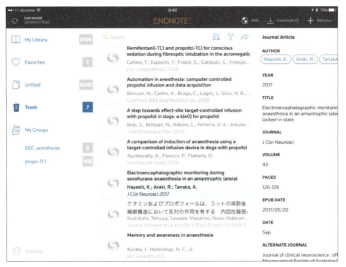

Fig10-17

Fig10-18

●ソート

リスト表示画面（Fig10-17）の左上のSearchフィールドのすぐ右隣にある［ソート］アイコンをタップします。表示されたリスト内でのソート順を制御することができます。Author，Date Added，Publication，Title，Yearの右タブ（Fig10-19）をスライドして上下させることでソート順が変更されます。

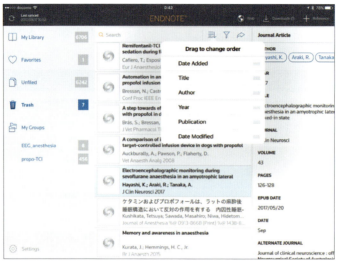

Fig10-19

8 文献リストの簡易作成（メール機能利用）

引用文献リストを簡易作成する機能が付属しています。

My LibraryのShareボタンを使用すると，引用をデフォルトの"Author-Date"フォーマットでコピーし，電子メールで送信することができます。

❶ 目的とするライブラリを選択します（この場合はTCI）。[Share]ボタンをタップすると，文献の前にチェック項目が表示されますので，引用文献リストを作成したい文献を選択します（Fig10-20）。

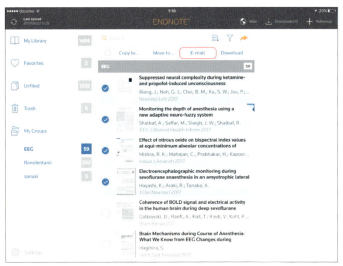

Fig10-20

❷ ［E-mail］をタップすると，"Author-Date"フォーマット，電子メールの本文に挿入されます（Fig10-21）。送信したい電子メールアドレスを入力して送信します。

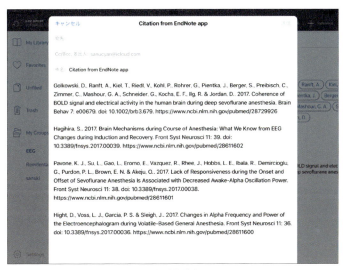

Fig10-21

第11章 PubMedインターネット文献検索

　一般に，文献検索という場合には，データベースから引き出される文献のリストを検索することを言い，この結果をもとに全文あるいはオリジナルの文献を入手します。

　本章ではインターネットで文献検索をするために英語文献データベースとしてPubMedを取りあげて，検索，活用の際の知識をまとめます。

第11章 PubMedインターネット文献検索

● PubMed

米国国立医学図書館（NLM：https://www.nlm.nih.gov/）のNCBI（National Center for Biotechnology Information）が，インターネット上でMEDLINE（メドライン）の公開（無料）プロジェクトを立ち上げました。これをPubMed（パブメド）といいます。

MEDLINEとは，世界約80カ国，5,200誌以上の文献を検索することができる医学文献データベースです。MEDLINEには，1966年以降に登録した文献が収録されており，医学用語や著者，雑誌名等のキーワードを手がかりに，文献の書誌情報（タイトル，著者名，雑誌名，抄録）を調べることができます。現在では，2,300万件を超える文献が収録されています。

1 アクセス方法

https://www.ncbi.nlm.nih.gov/pubmed （Fig3-10）(p.27)

■ 1. PubMedの検索

第3章(p.27)を参照してください。

■ 2. 検索結果の保存

第3章(p.28)を参照してください。

2 検索式の入力

● 組み合わせ検索（AND，OR，NOT）

AND，OR，NOTを使用できますが，小文字でも大文字でもかまいません。

例：`hypertension or cardiomegaly`, `hypertension OR cardiomegaly`

● キーワードは大文字小文字の区別はありません

大文字も小文字も同じ語句として認識されます。Blood, BLOOD, bloodはすべて同じものです。

● ストップワード

ストップワードと呼ばれる検索時に無視される単語があります。ストップワードを入力しても一切検索されませんので以下の表に含まれるものに注意してください。

表11-1 ストップワード

a	a about again all almost also although always among an and another any are as at
b	be because been before being between both but by
c	can could
d	did do does done due during
e	each either enough especially etc
f	for found from further
h	had has have having here how however
i	i if in into is it its itself
j	just
k	kg km
m	made mainly make may mg might ml mm most mostly must
n	nearly neither no nor
o	obtained of often on our overall
p	perhaps
q	quite
r	rather really regarding
s	seem seen several should show showed shown shows significantly since so some such
t	than that the their theirs them then there therefore these they this those through thus to
u	upon use used using
v	various very
w	was we were what when which while with within without would

●ワイルドカード

　キーワードの後ろにアスタリスク（*）を使用することができます。これはワイルドカードといって，その後にどんな文字が含まれていても検索します。たとえば「**hyper***」というキーワードを使用すると，hypertension，hypercapnia，hyoerthyriodism…などhyperで始まる言葉すべてを1つで表すことができます。ただし，600種類までしか検索しません。600を超えると「Wildcard search for 'hyper*' used only the first 600 variations. Lengthen the root word to search for all endings」というメッセージが表示されます（**Fig11-1**）。

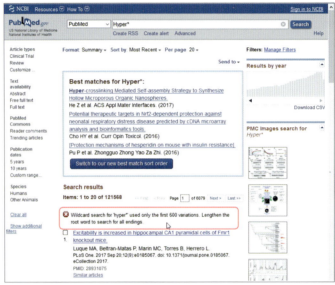

Fig11-1

●オートサジェスト

　キーワード（この場合，hyper）を入力すると，その語を含んだ検索候補が，リストメニューとして表示されます。この機能は，オートサジェスト（Auto Suggest）と呼ばれるものです。リスト中で適切な語句があれば選択してください。また，この機能を無効にしたい場合には，メニューの最下部の[**Turn off**]をクリックします（**Fig11-2**）。

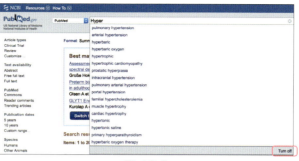

Fig11-2

● 検索フィールドの指定

どのフィールド（タイトル，雑誌名，著者名，抄録などの）に含まれる言葉で検索するかを指定するには2つの方法があります。1つはキーワードの後ろに検索したいフィールド名を[ ]に入れて入力する方法で，`Anaesthesia[TA]`とか`anesthesia[TI]`と書くことができます。**TA**とは雑誌名，**TI**とはタイトルです（**Fig11-3**）。**表11-2b**にタグの意味を示しましたので検索時の参考にしてください。もう1つはLimits機能を使う方法（後述）です。

Fig11-3

フィールドの詳しい説明は以下にありますので，ご覧ください（**Fig11-4**）。

http://www.ncbi.nlm.nih.gov/books/NBK3827/#pubmedhelp.Search_Field_Descriptions_and

Affiliation [AD]	Investigator [IR]	Pharmacological Action [PA]
Article Identifier [AID]	ISBN [ISBN]	
All Fields [ALL]	Issue [IP]	Place of Publication [PL]
Author [AU]	Journal [TA]	PMID [PMID]
Author Identifier [AUID]	Language [LA]	Publisher [PUBN]
Book [book]	Last Author [LASTAU]	Publication Date [DP]
Comment Corrections	Location ID [LID]	Publication Type [PT]
Corporate Author [CN]	MeSH Date [MHDA]	Secondary Source ID [SI]
Create Date [CRDT]	MeSH Major Topic [MAJR]	Subset [SB]
Completion Date [DCOM]	MeSH Subheadings [SH]	Supplementary Concept[NM]
EC/RN Number [RN]	MeSH Terms [MH]	
Editor [ED]	Modification Date [LR]	Text Words [TW]
Entrez Date [EDAT]	NLM Unique ID [JID]	Title [TI]
Filter [FILTER]	Other Term [OT]	Title/Abstract [TIAB]
First Author Name [1AU]	Owner	Transliterated Title [TT]
Full Author Name [FAU]	Pagination [PG]	UID [PMID]
Full Investigator Name [FIR]	Personal Name as Subject [PS]	Version
Grant Number [GR]		Volume [VI]

Fig11-4

表 11-2a　MEDLINE 形式の結果表示

UI	-21969009
PMID	-11973192
DA	-20020425
DCOM	-20020516
IS	-0003-2999
VI	-94
IP	-5
DP	-2002 May
TI	-Target-controlled versus manually-controlled infusion of propofol for direct laryngoscopy and bronchoscopy.
PG	-1212-6, table of contents
AB	-Few studies have compared the clinical profile of target-controlled infusions of propofol with that of manually-controlled infusions. Fifty-four ASA physical status I or II patients scheduled for an elective otorhinolaryngology endoscopy performed under general anesthesia with spontaneous ventilation were enrolled in this prospective randomized study to compare the clinical outcome of such administrations. Before induction, all patients received a single alfentanil bolus dose (10 microg/kg). Propofol administration was adapted to maintain absence of movement, hemodynamic stability, and efficient spontaneous ventilation. When compared with the Manually-Controlled Infusion group, in the Target-Controlled Infusion group there were fewer movements at insertion of the laryngoscope (14.8% vs. 44.4%), improved hemodynamic stability (largest variations of mean arterial blood pressure <10% of control values, versus 20%), fewer episodes of apnea, and less respiratory acidosis after endoscopy (pH = 7.37+/-0.05 and PaCO(2) = 50+/-7 mm Hg versus pH = 7.28+/- 0.06 and PaCO(2) = 58+/-9 mm Hg) ; the recovery was also shorter (time to opening eyes or verbal response, 4.6+/-2.0 min and 6.8+/-2.5 min versus 10.8+/-7.3 min and 15.7 +/-7.1 min). Propofol consumption was comparable in the two groups. Targeting the effect-site concentration improved the time course of the propofol drug effect during direct laryngoscopy performed during spontaneous ventilation when compared with manual infusion. IMPLICATIONS: This study compares the clinical profile of propofol anesthesia for direct laryngoscopy with spontaneous ventilation when the drug is administered either as a manually controlled infusion or by targeting the effect-site concentration through a target-controlled infusion (TCI) device. TCI improves the time course of propofol effects.
AD	-Departement d'Anesthesie-Reanimation, Hopital Bellevue, Saint-Etienne Cedex 2, France. sylvie.passot@chu-st-etienne.fr
FAU	-Passot, Sylvie
AU	-Passot S
FAU	-Servin, Frederique
AU	-Servin F
FAU	-Allary, Rene
AU	-Allary R
FAU	-Pascal, Jean
AU	-Pascal J
FAU	-Prades, Jean-Michel
AU	-Prades JM
FAU	-Auboyer, Christian
AU	-Auboyer C
FAU	-Molliex, Serge
AU	-Molliex S
LA	-eng
PT	-Clinical Trial
PT	-Journal Article
PT	-Randomized Controlled Trial
CY	-United States
TA	-Anesth Analg
JID	-1310650
RN	-0 (Anesthetics, Intravenous)
RN	-2078-54-8 (Propofol)
SB	-AIM
SB	-IM
MH	-Adult
MH	-Aged
MH	-Anesthetics, Intravenous/*administration & dosage
MH	-Blood Pressure/drug effects
MH	-*Bronchoscopy
MH	-Comparative Study
MH	-Female
MH	-Human
MH	-Infusions, Intravenous/*methods
MH	-*Laryngoscopy
MH	-Male
MH	-Middle Age
MH	-Propofol/*administration & dosage/blood
MH	-Prospective Studies
EDAT	-2002/04/26 10:00
MHDA	-2002/05/17 10:01
PST	-ppublish
SO	-Anesth Analg 2002 May;94(5) :1212-6, table of contents.

表 11-2b　代表的な検索項目名とタグの対応

項目名	タグ	使用例
Affiliation（所属住所）	[AD]	ca [ad] and nci [ad]．
All Fields（全フィールド）	[ALL]	
Author（著者名）	[AU]	"o'brien j" [au] to retrieve just o'brien j.
EC/RN Number（酵素番号）	[RN]	
Entrez Date（PubMed 登録日）	[EDAT]	1996:1997 [edat] or 1998/01:1998/04 [edat]．
Filter（フィルター）	[FILTER]	
Issue（号数）	[IP]	
Journal（雑誌名）	[TA]	Anesthesiology [ta]
Language（言語）	[LA]	jpn [la]
MeSH Date（MeSH 日付）	[MHDA]	1999:2000 [mhda] or 2000/03:2000/04 [mhda]
MeSH Major Topic（主な MeSH 語）	[MAJR]	
MeSH Subheadings（MeSH サブヘディング）	[SH]	dh [sh] = diet therapy [sh]
MeSH Terms（MeSH 語）	[MH]	enter the MeSH term Earth (Planet) as earth planet [mh]．
Pagination（最初のページ）	[PG]	
Personal Name as Subject（主題に出てくる人物名）	[PS]	
Publication Date（出版日）	[DP]	1996:1998 [dp] or 1998/01:1998/04 [dp]．
Publication Type（出版形態）	[PT]	Review, Clinical Trial, Retracted Publication, Letter, see full listing.
Secondary Source ID	[SI]	genbank [si]，AF001892 [si]，genbank/AF001892 [si]．
Subset（雑誌サブセット）	[SB]	medline [sb]，premedline [sb]，publisher [sb]
Text Words（表題，抄録，MeSH 語，物質名）	[TW]	propofol [tw]
Title（表題）	[TI]	
Title/Abstract（タイトル/抄録）	[TIAB]	
PMID（PubMed 固有番号）	[PMID]	171700002 1638840 [PMID]
Volume（巻）	[VI]	

表 11-2c　MeSH サブヘディング

MeSH サブヘディング	略語	MeSH サブヘディング	略語
Abnormalities	AB	Legislation and Jurisprudence	LJ
Administration and Dosage	AD	Manpower	MA
Adverse Effects	AE	Metabolism	ME
Agonists	AG	Methods	MT
Analogs and Derivatives	AA	Microbiology	MI
Analysis	AN	Mortality	MO
Anatomy and Histology	AH	Nursing	NU
Antagonists and Inhibitors	AI	Organization and Administration	OG
Biosynthesis	BI	Parasitology	PS
Blood	BL	Pathogenicity	PY
Blood Supply	BS	Pathology	PA
Cerebrospinal Fluid	CF	Pharmacokinetics	PK
Chemical Synthesis	CS	Pharmacology	PD
Chemically Induced	CI	Physiology	PH
Chemistry	CH	Physiopathology	PP
Classification	CL	Poisoning	PO
Complications	CO	Prevention and Control	PC
Congenital	CN	Psychology	PX
Contraindications	CT	Radiation Effects	RE
Cytology	CY	Radiography	RA
Deficiency	DF	Radionuclide Imaging	RI
Diagnosis	DI	Radiotherapy	RT
Diagnostic Use	DU	Rehabilitation	RH
Diet Therapy	DH	Secondary	SC
Drug Effects	DE	Secretion	SE
Drug Therapy	DT	Standards	ST
Economics	EC	Statistics and Numerical Data	SN
Education	ED	Supply and Distribution	SD
Embryology	EM	Surgery	SU
Enzymology	EN	Therapeutic Use	TU
Epidemiology	EP	Therapy	TH
Ethics	ES	Toxicity	TO
Ethnology	EH	Transmission	TM
Etiology	ET	Transplantation	TR
Genetics	GE	Trends	TD
Growth and Development	GD	Ultrasonography	US
History	HI	Ultrastructure	UL
Immunology	IM	Urine	UR
Injuries	IN	Utilization	UT
Innervation	IR	Veterinary	VE
Instrumentation	IS	Virology	VI
Isolation and Purification	IP		

3 Filters（フィルター機能）

　検索時にフィールドの指定やその他の条件を限定して検索する方法をまとめたものです。サイドバーにある[Show additional filters]をクリックすると，**Fig11-5**が表示されます。
　チェックすることでフィルターがかかり，絞り込みができます。

Fig11-5

　Article types（発行分類），Text availability（文献種類），Publication dates（発行年），Species（種）の4種類のフィルターをかけることができます（**Fig11-6**）。

Fig11-6

COLUMN　PubMedのデータ

　PubMedのデータは出版社から送られた生データをもとにして索引付けや各種番号づけを行っています。最終的にはMEDLINEのデータとして残されますが，PubMedは生データや索引作成中のデータを含んでおり，作業場の中をのぞかせてもらっているという感じです。

4　検索結果の表示

　Fig11-7は`remifentanil`と`TCI`で検索を行った結果表示画面です。検索結果は208件と表示され，その下に該当文献のリストが表示されています。文献タイトルをクリックすると詳細情報（**Fig11-8**）が表示されます。また，「**Format:** ☑」と書かれたところを変えることにより結果の形式を変更することができます（**Fig11-9**）。

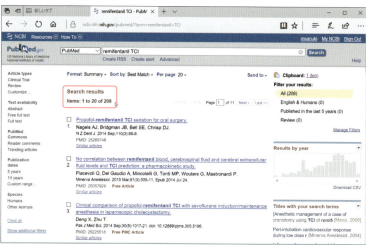

Fig11-7

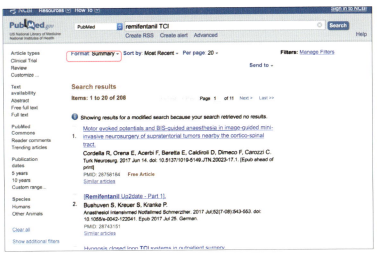

Fig11-8

【Format】【Sort by】【Per page】表示形式の変更

　表示形式の変更リストです．「Format」はSummary, Summary (text), Abstract, Abstract (text), MEDLINE, XML, PMID Listから選択して下さい．デフォルトではSummary形式で表示されています．

Fig11-9a

Fig11-9b

Fig11-9c

5 文献の選択と保存

　リスト表示された番号の前にある□をクリックしてチェックマークを付けてください（**Fig11-10**）．チェックマークを付けたものが選択されたことになります．「Send to」のリストは選択したものに対して有効になります．1件も選択していない場合は，すべてを選択したことになります．なお，[Order]は全文文献をオーダーできるものですが，利用するには医学図書館などでの登録が必要なようです．

第11章　PubMed インターネット文献検索

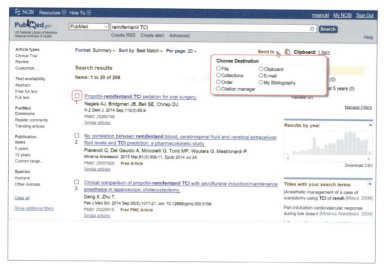

Fig11-10

　　p.146～150はAdvanced Serchとして提供されています。6～9はすべて検索ボックス下の「Advanced」をクリックしてから行って下さい。

6　Preview（プレビュー）

　複数のキーワードを入れて検索する場合，件数が多すぎると，全部読むには時間がかかりすぎるので，なるべく絞り込んで少ない数にします。その場合，だいたいどのくらいの件数かを確認しながら検索を続けるための機能です。複数回検索した後に，「Advanced」をクリックすると，**Fig11-11**のような画面が表示されます。History欄をみると，1348，305，49と次第に絞り込めていることがわかります。この画面からリストを再表示させるには，Items found欄の該当する数値をクリックしてください。

Fig11-11

7　Index（インデックス）

　特定のフィールドで検索をしたい場合に，キーワードリストと件数を表示させながら検索を進めることができます。❶「Show Index list」（Fig11-12）をクリックするとFig11-13が表示されます。❷Builderの「All Fields」と表示された右の欄にfentanylというキーワードを入力し，「Show Index list」をクリックした後の画面です。「fentanyl／○○（数字）」というリストが表示されています（Fig11-13下）。かっこ内の数字は，おおよその件数を表示しています。❸このリストの中から検索したい行をクリックして選択し，「AND」を選択して［Search］ボタンをクリックするとキーワード入力欄に入力されます。すでに，掛け合わせるキーワードが入力されている場合には「OR」「NOT」も使用できます。

Fig11-12

147

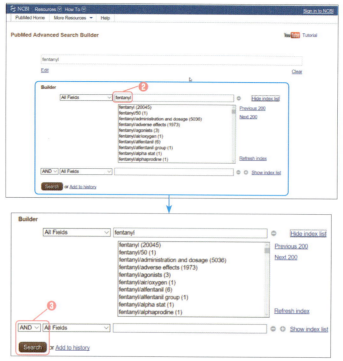

Fig11-13

8 History（検索履歴）

　PubMedでの検索の履歴を表示できます。**Fig11-14**のように検索番号（#番号）（Search），ビルダーに追加（Add to builder），検索式（Query），ヒット数（Items found），実行時間（現地時間）（Time）が表示されます。この検索番号を使って，組み合わせ検索が行えます。

`#1 NOT #3`

`#2 AND remifentanil`

　Historyが有効なのは100件までです。100件以上になった場合には古いものから順に消去されます。

　また，検索しない時間が1時間を超えるとHistoryは自動的に削除されます。なお，自分でHistoryを消したい場合には画面の右下にある「Clear History」をクリックしてください。

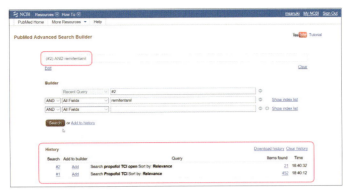

Fig11-14

9 Clipboard（クリップボード）

　検索を繰り返して必要な文献をまとめて印刷したりダウンロードする場合には，**Fig11-15**のように❶必要な文献をチェックし，❷「Send to」リストから［Clipboard］を選択し，［Add to Clipboard］ボタンをクリックしてクリップボードに保存しておくと便利です．1件も選択せずに「Send to」から［Clipboard］を選択すると，すべてがクリップボードに入ります．

　❸「Advanced」をクリックしてから表示されるページ（**Fig11-16**）でHistoryの最下段に #0 pubmed clipboardができていますので，❹ Items found欄の **1** をクリックすると，**Fig11-17**のようにクリップボードに蓄えられた文献リストが表示されます．クリップボードには最大500件まで保存でき，同じデータは自動的に削除されて1つしか記録されません．また，何も操作をしないで1時間が経過するとクリップボードの内容は自動的に削除されます．なお，クリップボードに不要なデータがある場合には，❺「Remove all items」をクリックすれば消去されます．

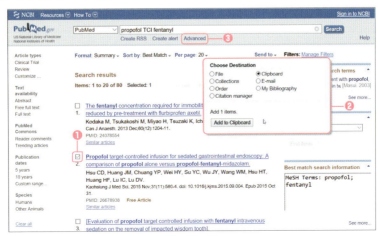

Fig11-15

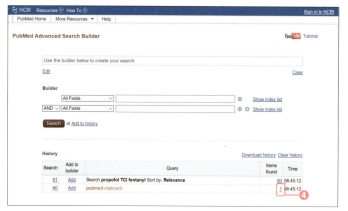

Fig11-16

Fig11-17

10 MeSH Database（MeSHデータベース）

　PubMedのトップ画面の下段のMore Resourcesにある，「MeSH Database」をクリックして表示させます（**Fig11-18**）。

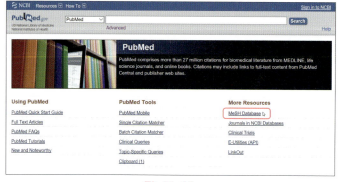

Fig11-18

Fig11-19はキーワードに fentanyl を入力して［Search］をクリックした後に表示される画面です。MeSH語が表示されています。MeSHは階層構造をしていますので，上位語か下位語を選択することも可能です。

Fig11-19

　また，さらに詳しい指定をする場合には，「Fentanyl」をクリックすると，Fig11-20のようなチェックリストが表示されますので，必要な項目をチェックして［Add to Search builder］をクリックして「AND」，「OR」，「NOT」を選択した後，［Search PubMed］をクリックして検索を行ってください。

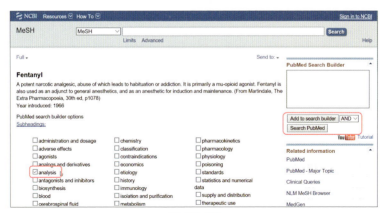

Fig11-20

11 Single Citation Matcher

PubMedのトップ画面の下段のPubMed Toolsにある(Fig11-18)，「Single Citation Matcher」をクリックして表示させます。Fig11-21のような画面が表示されます。特定の雑誌の特定の文献を表示させたい場合，または，雑誌名や巻，号のみわかるが文献の内容が定かでない場合など，このダイアログを表示することにより，容易に文献を探し当てることができます。

Fig11-21

12 Clinical Queries（臨床的検索）

PubMedのトップ画面の下段のPubMed Toolsにある(Fig11-18)，「Clinical Queries」をクリックして表示させます(Fig11-22)。臨床医学領域の文献検索を想定した検索機能で，研究デザインに着目した，いわゆるエビデンスの高い文献の検索が可能です。

Fig11-22

①Clinical Study Categories，②Systematic Reviews，③Medical Geneticsの3種類があります。はじめ何も表示されていないようにみえますが(Fig11-22)，検索語を入れて[Search]すると結果が表示され，3つの文献カテゴリーごとに5文献ずつ表示されます。Clinical Study Categoriesでは，Category（研究カテゴリー）とScopeでさらにしぼり込むことができます(Fig11-23)。

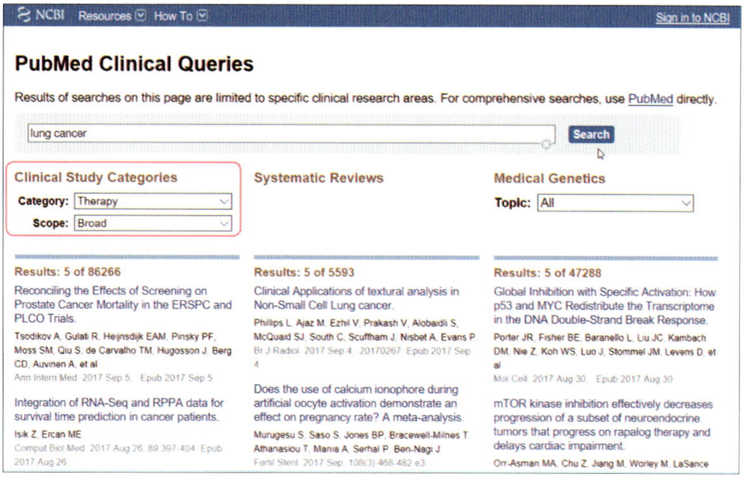

Fig11-23

● 研究カテゴリーとして

Etiology（疫学研究のデザインやリスクに関連）

Diagnosis（検査・診断に関連）

Therapy（臨床試験に関連）

Prognosis（予後に関連）

Clinical prediction guides

のうちから1つを選択して，キーワード入力をして検索を行います。

● Scopeとして

Broad（多くの文献を検索するが適切でないものも含む），Narrow（適切でない文献は少ないが取りこぼす可能性がある）のうちから1つを選び，キーワードを入力して検索を行います。多くの文献の内容を閲覧する手間暇を惜しまないのであれば，「broad」を選択するのがよいと思われます。

13 My NCBI

検索式や半永久的に文献リストを保存する方法です。すべてのページの右上に表示されている「**Sign in to NCBI**」をクリックすると**Fig11-24**が表示されます。

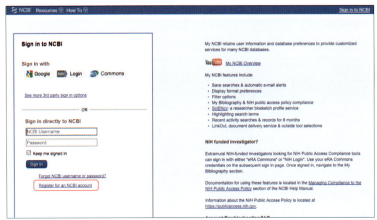

Fig11-24

　これを利用するためには，はじめに「Register」する必要があります。左側の「**Register for an account**」をクリックしてUsername，Passwordを登録します。また，GoogleのID，パスワードでも登録できます。なお，オプションになっているe-mailアドレスを登録しておくと検索結果を自動的にメールで受け取ることも可能になります。その画面から戻り，**Fig11-24**で「**Username**」と「**Password**」を入力し[**Sign In**]をクリックします。

1. お知らせ機能

❶ My NCBIにログイン後に検索を行ってください（Fig11-25）。

❷ ここで「Create alert」をクリックすると，目的の検索式で検索した文献が登録されるとメールで知らせてくれる設定ができます。

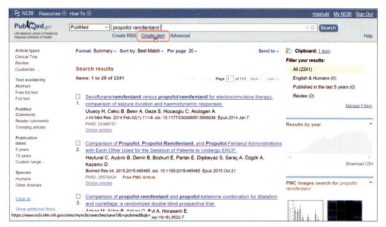

Fig11-25

❸ 引き続き，検索式名の登録とメールでの検索結果の自動送信を決定する画面が表示されます（Fig11-26）。

　ここでは、検索式名（表示されるだけなので自由にわかりやすい名前をつけます），送信頻度とタイミング、送信するレポートの形式、メールに記載する文献数を選択して[Save]ボタンをクリックします。

第11章　PubMed インターネット文献検索

Fig11-26

2. 保存検索式での検索

❶ **Fig11-25**の右上の「**My NCBI**」をクリックして，これまでに保存したSaved Searches（検索式のリスト）（**Fig11-27**）を表示させます。

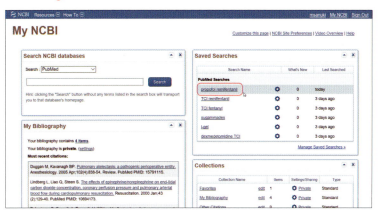

Fig11-27

❷ ここで，検索したい検索式名をクリックして下さい。結果を再度表示させることができます。

> **COLUMN** 検索手法とキーワード（自然語と統制語）

　一般に，検索はキーワードを入力することにより行いますが，データベースごとに決められたキーワード集をもっているのが普通です。たとえばMEDLINEには米国国立医学図書館によって統制されたキーワード集（MeSH：Medical Subject Headings）があり，メッシュとよばれています。

　MeSHのように，あらかじめ定められているキーワードを統制語とよびます。このMeSHを使用することにより，効率のよい検索を行うことが可能です。もし，MeSHに収録されているキーワードがない場合には，論文のタイトルや抄録中に使用されているままの言葉（自然語）を使用して検索を行います。

　自然語は著者が使用した言葉をそのまま統制せずに収録したキーワードであるため，1つの概念を表現する場合でも，非常にたくさんの類義語が存在します。そのため，自然語を使用して漏れのない検索を行おうとすると，すべての類義語をキーワードとして指定しなければならず検索が煩雑です。検索のはじめにMeSH語をシソーラスにより確認して検索を始めることが肝心です。

COLUMN　Advanced Search

　2008年になってAdvanced Searchという複合的な検索を一画面で行うことができる機能が追加されました。これまで，検索タブを切り替えながら表示していた詳細な検索ができる画面です。**Fig11-28**の「Advanced」というリンクをクリックすると表示されます（**Fig11-29**）。筆者は最近この画面で検索を行うのが通常になりました。一度，お試しください。

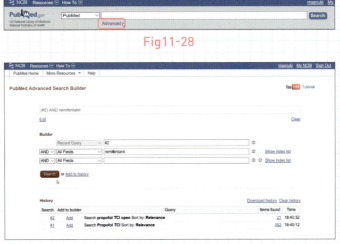

Fig11-28

Fig11-29

第12章 日本語文献検索サイト 医中誌Web

　本章ではインターネットで文献検索をするために日本語文献データベースとしては医中誌パーソナルWebを取りあげて，検索，活用の際の知識をまとめます。

第12章 日本語文献検索サイト医中誌Web

●医学中央雑誌

「医学中央雑誌」は**国内医学文献の抄録誌**として，1903年（明治36年），市井の開業医であった尼子四郎によって創刊されました。以来，100年にわたり発行され続けています。収録文献は，国内で発行されている医学・歯学・薬学およびその関連領域から収集された約4,700の資料から採択されています。医学の発展と情報量の増大とともに文献数は増え続け，創刊当時の年間収録文献数はおよそ1,900件でしたが，今では40万件を超えています。2000年4月より医学中央雑誌Web版（医中誌Web）としてインターネットでの利用が可能になりました。このWeb版は1970年から現在までの約35年分の文献情報，約1193万件（2018/1/5現在）の検索ができます。データの更新は毎月2回行われます。医中誌Webでは入力された語をシソーラス用語に導き自動的に統制語に変換して検索をかけます。

1 アクセス方法

`http://www.jamas.or.jp/`

施設契約している場合は「医中誌Web」，個人で契約している場合は「医中誌パーソナルWeb」を選択して下さい（**Fig12-1**）。

Fig12-1

2 ログイン方法

IDとパスワードを入力することによりWebブラウザから検索が可能です。

Ver.4まであったBasicとAdvancedのモードはVer.5では廃止されました。

医中誌パーソナルWebには，So-net版とDigital e-hon版があり，契約先によって入り口が異なります（**Fig12-2**）。

Fig12-2

図（**Fig12-3**）はSo-net版のログイン画面です。

Fig12-3

1. 検索語入力画面

❶ 検索語入力欄(Fig12-4)に,キーワードを半角スペース(AND検索)で区切って入力してください。ほかにOR,NOT(大文字・小文字とも可)が使えます。

Fig12-4

❷ 「**すべての絞り込み条件を表示**」をクリックすると図（**Fig12-5**）のような条件が表示されます。❶本文入手情報，❷抄録（抄録あり），❸症例報告・事例（症例報告，事例，症例報告除く），❹特集，❺論文種類（原著論文，解説，総説，図説，Q&A，講義，会議録，会議録除く，座談会，レター，症例検討会，コメント，一般），❻分類（看護，歯学，獣医学），❼論文言語（日本語，英語，その他），❽収載誌発行年，❾巻・号・開始頁，❿チェックタグ（ヒト，動物），⓫副標目（治療，診断，副作用），⓬研究デザイン（メタアナリシス，ランダム化比較試験，準ランダム化比較試験，比較研究，診療ガイドライン），⓭検索対象データ，⓮初回UP日付の指定ができます。

Fig12-5

COLUMN　入力方法

●**スペースを含む語句**

"Troponin T"のように，検索語を" "で囲みます。スペースは半角スペースです。

●**アルファベットの大文字・小文字**

同じ語句として認識されます。Blood，BLOOD，bloodはすべて同じものです。

●**AND，OR，NOT検索**

大文字・小文字とも有効で，以下のような入力が可能です。

【AND】　頚椎AND手術，頚椎and手術，頚椎＊手術，頚椎 手術

【OR】　頚椎OR脊椎，頚椎or手術，頚椎＋手術

【NOT】　頚椎NOT脊椎，頚椎not手術

【()の使用】　(心不全or心臓喘息or心機能低下)and麻酔薬

【ステップナンバーの使用】　#1 and呼吸不全

ステップナンバーとは検索履歴の番号(#1)のこと。

●**タグ入力による検索対象の限定**

対象となるフィールドを限定したい場合，**検索語/タグ**という形式で入力できます。

【例】プロポフォール/TI

検索項目	タグ
統制語	TH
著者名	AU
収録誌名	JN
所属機関名	IN
文献番号	UI
ISSN	IS
タイトル	TI
抄録	AB
ALL Fields	AL
特集名	SP
タイトル+抄録	TA

COLUMN　My医中誌機能

　Ver 5へのバージョンアップとともに，画面が変更されましたが，そのメニューに「My医中誌」が追加されました（Fig12-6）。個別のIDパスワードが発行されている場合には，個別に環境設定とフィルター設定，検索式の保存・メールアラート，利用状況の確認ができます。

Fig12-6

第12章 日本語文献検索サイト医中誌Web

2. 検索の実際

❶ **Fig12-7**で検索語入力欄に，キーワードを半角スペース（AND検索）で区切って入力してください。ほかにOR，NOT（大文字・小文字とも可）が使えます。例として，`TCI propofol`と入力します。

Fig12-7

166

❷ ［検索］ボタンをクリックすると，検索結果（**Fig12-8**）が表示されます。

Fig12-8

❸ さらに新規検索でフェンタニルと入力すると，結果（**Fig12-9**）が表示されます。

Fig12-9

❹ #1 and #2と入力して[検索]ボタンをクリックする(または,中程にある#1にチェックをつけて[履歴検索]をクリックする)と,掛け合わせた結果が表示されます(Fig12-10)。

Fig12-10

ここで,絞り込み条件にチェックをつけることでさらに文献を絞り込んで表示することができます。すべての絞り込み条件を表示(Fig12-4)すると,この画面ですべての絞り込みができます。

3. 検索結果の保存

検索条件を絞り込んでいくとFig12-10のように88件の検索結果が出ました。目的としたリストが得られたので,このリストの文献すべてをファイルとして自分のPC(ローカル)に保存します。ポイントは3点あります.

❶ 2ページに渡って表示されています(page 1 of 2)ので,表示内容の変更で「30件」→「50件」とします。

❷ 1ページにすべての文献が表示(page 1 of 1)されたのち,「□すべてチェック」をクリックします。チェックがついたものに対して[印刷][ダウンロード][メール][クリップボード][ダイレクトエクスポート]ができます(Fig12-11)。

[印刷]はページを直接プリントアウトしたいときに,[ダウンロード]はファイルとして保存するときに,[メール]はメールでファイルとして送信したいときに使います。[クリップボー

ド]は，ログインしている間のみ有効な一時保存をしたいときに使います。また[**ダイレクトエクスポート**]機能はEndNote，EndNote Webなどに 直接取り込みたいときに使います(**第4章** p.39／**第9章**コラム　医中誌Webからのダイレクトエクスポート　p.108参照)。

Fig12-11

COLUMN　尼子四郎

1865年(慶応元年)～1930年(昭和5年)
広島県山県郡戸河内町本郷に生まれる。

1887年広島医学校卒業。東京に本拠を置く芸備医学会(1886年創立)の準機関誌である芸備医事(現「広島医学」)の編集・発行に尽力し，1899年には，芸備医学会の代表として東京(神田)で開催された医学雑誌発行者春期懇親会に参加した。これらのことが，医学雑誌抄録し刊行をもって，我が国医学会に貢献しようとする動機の一つになったと考えられる。1902年に東京で開業。その翌年，1903年に「医学中央雑誌」を刊行する。

(「医学中央雑誌100年の歩み」医学中央雑誌刊行会より抜粋)

尼子四郎先生は著者の卒業大学の大先輩に当たる。これも何かの因縁だろうか。

❸ ［ダウンロード］（Fig12-12）または［メール］（Fig12-13）の場合には，出力形式はEndNoteに取り込むのなら，Refer/BibIX形式かタグ付き形式（Medline形式にして取り込むと文字化けを起こす）を選択します。

❹ 出力内容は全項目に変換します。これ以外の項目は，変更しなくて結構です。

Fig12-12

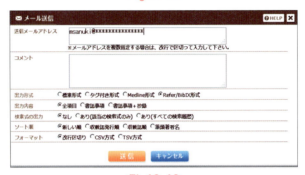

Fig12-13

❺ これらを入力したら，［ダウンロード］または［送信］ボタンをクリックします。

COLUMN　JDream Ⅱのデータ取り込み

❶ ユサコのユーザー登録者専用サポートページよりJDream Ⅱのインポートフィルタをダウンロードします。

❷ インポートフィルタを所定の場所（p.94～96参照）にコピーします。

❸ メニュー［Edit］➡［Import Filters］➡［Open Filter Manager...］を選択し，開いたダイアログで［Find by］をクリックし，ベンダー名"JST"を探し，JDreamの左にあるチェックボックスにマークを付け，開いているダイアログを閉じます。

❹ JDreamから出力形式を「印刷用形式（検索式付き）」に指定してダウンロードします。

❺ 新規ライブラリを作成し，メニュー［File］➡［Import］を開き，［Import Option］を"JDream"とします。❹でダウンロードしたファイルを［Choose...］から選択して取り込みます。

COLUMN　SNSへの論文シェア機能

　医中誌Web検索結果（タイトル表示）の文献番号リンクをクリックすると，「この論文の詳細を見る」「この論文をシェアする」を選択できるポップアップが表示されます（Fig12-14）。論文をシェアしたい場合は該当のSNSアイコンをクリックします。

Fig12-14

　また、「詳細表示」では，各論文の最下部のSNSリンクアイコンをクリックします（Fig12-15）。

Fig12-15

第13章 リンク，データライブラリの共有

　以前は，全文文献をジャーナルの別刷りやコピーで管理していたのですが，現在では多くの英文誌はホームページ上からPDFファイルを入手できるようになりました。
　EndNoteデータベースと同じPC上に全文PDFファイルをおいて，EndNoteライブラリから呼び出すことができれば大変便利です。

1 ライブラリへの全文文献のリンク

　EndNoteのライブラリを開いて，目的とする文献を選択（Fig13-1）して，マウスで右クリックをするとメニューが表示されますので［File Attachements］ ➡ ［Attach File...］を選択してください。選択後にファイル選択ダイアログが表示されますので，そこで，該当する全文PDFファイルを選択してください。リスト1件に複数リンク（25個まで）できます。複数指定した場合には，一番初めに指定したものが［Open File］からは有効になります。

　Version X以降から，PDFファイルを目的とする文献リストの上にドラッグ＆ドロップするだけで［Attach File...］が可能になりました。PDF以外に画像ファイル(jpg)なども添付できます。

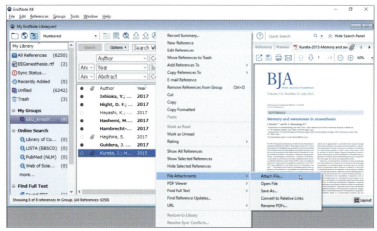

Fig13-1

COLUMN　相対リンクと絶対リンク

　[File Attachments] を選択すると，PDFファイルなどの外部ファイルを添付できます。そのファイルを管理する方法に，「相対リンク」と「絶対リンク」があります。「相対リンク」は，ライブラリファイルとPDFファイルがある場所の関係が決まっています。添付するPDFファイルは決まった場所にコピーされるので，元々あったPDFフォルダ内ファイルを別の場所に移しても，削除しても問題ありません。

　PDFファイルを指定するときに表示されるダイアログの一番下にある，「Copy this file to the default file attachment folder and create a relative link.」にチェックをつけたままにしてください。このチェックを外すと，「絶対リンク」となり指定したファイルを移動するとリンクが切れてしまいます（Fig13-2）。

　また，ファイルメニュー[Edit]➡[Preferences...]➡[URLs & Links]（Macintoshでは[EndNote]➡[Preferences]➡[URLs & Links]）にある，「Copy new file attachments to the default file attachment folder and create a relative link.」にチェックをつけるとデフォルトが「相対リンク」となります。外すと「絶対リンク」になります。

Fig13-2

PDFがリンクされると，クリップマークがつきます（**Fig13-1**）。その下にある [**Attached PDFs**] タブで表示されます。

またPDFビューワーで開くには文献リストで先ほどの文献の上でマウスを右クリックするとメニューが表示されますので [**File Attachements**] ➡ [**Open File**] を選択してください（**Fig13-3**）。[**Open PDF**] アイコン が表示されている場合にはアイコンをクリックします（**Fig13-4**）。選択後に，Adobe Readerが開いて全文PDFを表示（**Fig13-5**）します※。

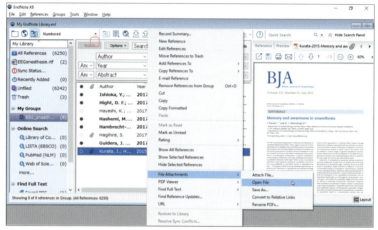

Fig13-3

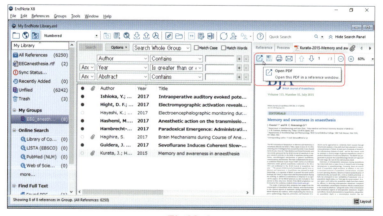

Fig13-4

※リンクされるファイルは，①デスクトップに置いたファイルを指定しないで下さい。②ファイル名に日本語（2バイト文字）を使わず，半角英数としてください。

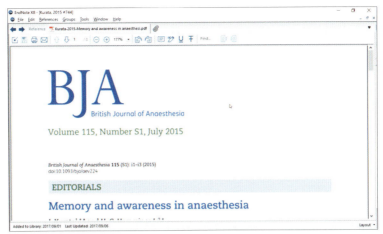

Fig13-5

2 ライブラリへのURLのリンク

　PDFと同様にURLもリンクが可能です。URLの場合，記入されたものがhttp://ではじまればインターネットサイトに，file://ではじまればPC内のファイルにリンクがつきます。該当する文献を選択し右クリックし，[URL] ➡ [Open URL] で，または ⌘ をクリックして各々にジャンプします。ここにPDFファイルへのリンク（アドレス）を書いてもかまいません。

※同じ文献に何度も[Attach File]や[Open URL]をしてしまった場合，最初のものだけが有効です。もし，2回目以降に [Attach File] や [Open URL] したものを有効にしたい場合は，文献リストで目的とする文献をダブルクリックして詳細画面を表示してFile Attachements欄やURL欄を編集してください（**Fig13-6**）。開きたいものが一番上にくるように編集すればきちんとリンクします。また，URL欄のリンク先の目的とするPDFやアドレスを選択（色を反転させる）した状態で右クリックの [Open File] や [URL] から表示される [Open File] または [Open URL] を選択してください。こうすることで，2番目以降に書かれたFileやURLにもジャンプすることができます（**Fig13-7**）。

177

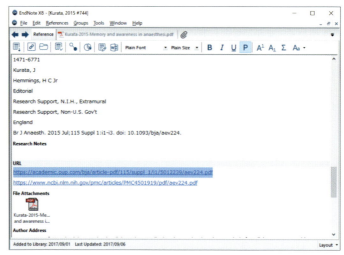

Fig13-6

Fig13-7

　実は，PDFファイルでなくても [File Attachements] は可能です。ファイルであればどんなものでもかまいません。これを利用してEndNoteのライブラリファイルにライブラリファイルをリンクすることもできます。URL欄にPDFファイルでなく，別のEndNoteライブラリファイルをリンクするのです。こうするとライブラリが階層化して，細かい分類でライブラリを作成してマスターライブラリとでもいうべきファイル群ができあがります。これを，LAN上（イントラネット）で共有すれば，便利です。自分が使うときには，この共有ライブラリから文献を自分のEndNoteライブラリにコピーすればマスターライブラリを崩してしまうことはありません（**Fig13-8**）。

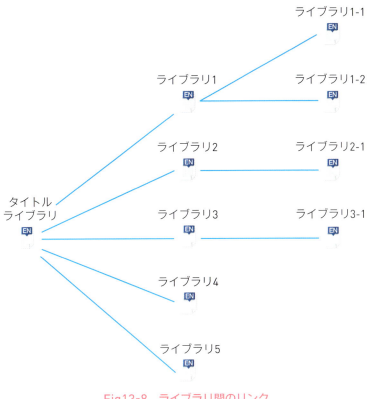

Fig13-8 ライブラリ間のリンク

> COLUMN **インターネットサイト，ファイルなどへのリンク**
>
> 　どのフィールドでも，"http://"あるいは"ftp://"などのように正しい前置表記があれば，EndNoteは自動的にURLを認識します。認識すると，クリックしてWebにリンクできる青文字の下線付きのテキストになります。このようなリンクをクリックすると，Webブラウザが開き，該当アドレスのページに移動することができます。

3 PDF，URL以外のファイル格納場所

URL欄以外にFigureというフィールドにもファイルをリンクすることができます（**Fig13-9**）。

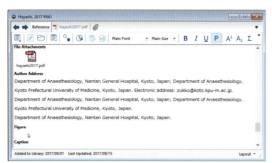

Fig13-9

しかし，メニューからは行えません。直接詳細画面を開いてFigureフィールドに画像ファイルや，PDFファイルをドラッグ＆ドロップしてください。このフィールドには1つしか入りません。

ただし，ファイルがフォルダにコピーされますので，FigureファイルやPDFファイルの置き場所が変わっても開くことができます。

参考 Figureフィールドに挿入可能な画像ファイル

Figureフィールドに挿入可能な画像ファイルとは以下のフォーマットのファイルのことです。
- BMP（Windows Bitmap）
- GIF（Graphics Interchange Format）
- JPEG（Joint Photographic Experts Group）
- PNG（Portable Network Graphics）
- TIFF（Tag Image File Format）

これ以外にPDFファイルもOKです。

4 ネットワーク上のフルテキストファイルを自動的にリンクする

ネットワーク上に存在する全文テキストファイル（PDF）を自動的に検索して，リファレンスデータの[File Attachments]フィールドに自動的に格納する機能があります。

はじめに，リファレンス一覧から Ctrl +クリックで全文PDFファイルを探したい文献をクリックします。次に，メニュー[References] ➡ [Find Full Text] を選択してください(Fig13-10)。もしくは，選択したリファレンス一覧のところで右クリックして表示されるメニューから[Find Full Text...] を選択してください。

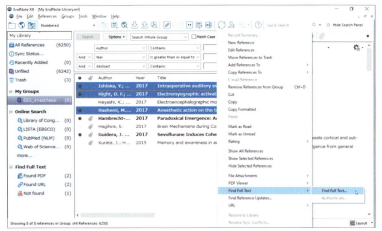

Fig13-10

250以上の文献を選択している場合，Fig13-11のようなダイアログが表示され，[OK] をクリックするとフルテキストの検索が始まります。そのときには，Find Full Textに「Searching...」が表示されます(Fig13-12)。途中でやめたいときには，「Searching...」を右クリックして，「Cancel finding full text」を選択してください。

Fig13-11

181

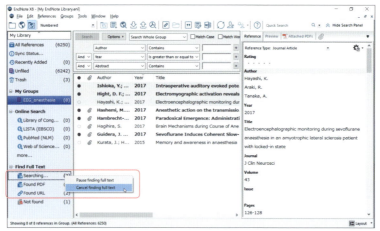

Fig13-12

「Find Full Text」の下にも「Found PDF」というグループができており，そこに実際に収集したPDFファイルが格納されています（Fig13-13）。

Fig13-13

そのファイルを見るには，リファレンス一覧から該当する文献を選択し，メニュー[References]
➡[File Attachments]➡[Open File]を選択してください（もしくは，右クリックで表示されるメニューから[File Attachments]➡[Open File]を選択してください）。内蔵されたPDFビューワー（Fig13-14）で読むことができます。

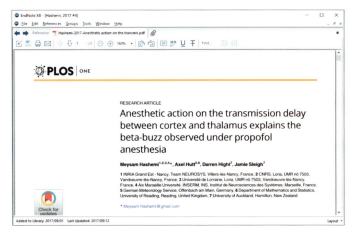

Fig13-14

5 全文PDFファイルから書誌事項を取り出す

　全文文献のPDFファイルは手元にあるが，EndNoteデータベースに書誌事項がない場合には，PDFファイルからデータを抽出して書誌事項を登録する機能があります。ただし，全文PDFファイルにDOI（Digital Object Identifiers）が埋め込まれているファイルでなければ書誌事項は取り出せません（自分で紙の文献をスキャンしてPDFを作成したものは不可です）。

　ファイルメニューから[File]➡[Import]➡[File...]を選択すると，Importのダイアログ（Fig13-15）が表示されますので，Import Optionを「PDF」に変更して，[Choose...]をクリックして，DOIが埋め込まれたPDFファイルを選択します（Fig13-15）。

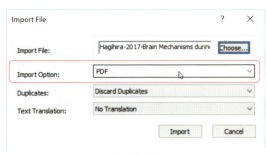

Fig13-15

それを読み込むと，1行リストが追加されて書誌事項が取り込まれると同時にPDFファイルから書誌事項も添付ファイルとして追加されます(**Fig13-16**)。

Fig13-16

COLUMN　フルテキストの検索サイトを追加する

　通常は，PubMed LinkOut，DOI（Digital Object Identifier），ISI Web of Knowledgeフルテキストリンクをもとにフルテキストを検索する設定になっています。施設でOpen URLを設定している場合には，そこにURLを設定するとダウンロード可能なフルテキストが増えることがあります。ファイルメニュー[Edit]➡[Preferences...]➡[URLs & Links]（Macintoshでは[EndNote]➡[Preferences...]➡[URLs & Links]）にある，OpenURL ArgumentsにURLを設定してください(Fig13-17)。設定するURLは図書館のネットワーク担当の方が知っています。

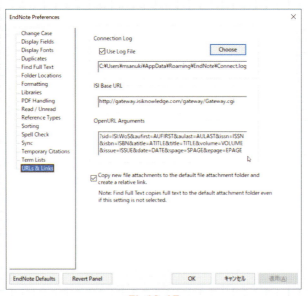

Fig13-17

重要　フルテキストで，気をつけなければならないこと

　施設（大学や企業）内から，ダウンロードできるフルテキストと自宅からダウンロードできるフルテキストには，差があります。通常は，出版社や文献提供会社との契約をしている施設内からの方がたくさんダウンロードできるはずです。しかし，不要なのに大量のフルテキストをダウンロードするとその施設と出版社との間で結んでいる契約に抵触することがあります。出版社（文献提供会社）との契約違反と見なされると，施設全体のダウンロードが規制あるいは停止される事態になります。大変恐ろしいことですので，[Find Full Text]を行うときには一度に大量のものをダウンロードしないように，くれぐれも注意しましょう。

参考　無料で入手できる全文PDFの雑誌一覧

　https://www.ncbi.nlm.nih.gov/pmc/journals/
にリストがありますので，参考にして下さい。

COLUMN　EndNoteファイルのバックアップ

　大切な文献のデータベースをハードウエアの故障により失わないためには，ファイルのバックアップが大切です。

　バックアップが必要なファイルは
① EndNoteライブラリ
② （修正を加えた）Styles，フィルタ，コネクションファイル
③ ワープロ文書

　EndNoteの引用が含まれた作成済みの文書はEndNoteのバックアップファイルと一緒に保存してください。また，Cite While You WriteまたはMicrosoft WordかWord PerfectのEndNote Add-inに対して，EndNoteプログラムでフォーマットをする場合，フォーマットする前のワープロ文書もフォーマット済みの文書とともに保存してください。論文を再フォーマットする場合に，フォーマットする前のものが必要になります。

6 データライブラリの共有

データライブラリを共有することが，EndNoteバージョンX7.2以降から標準機能になっています。

1ライブラリ当たりX7では15名と共有が可能で，X8からは100名のユーザーと共有可能です。共有機能を利用するには製品版EndNote X7.2以降 とリンクしたEndNote オンラインアカウントが必要です。

1. アカウントの確認

❶ EndNote オンライン（http://www.myendnoteweb.com/）にログインします。
❷ [オプション] タブ内の [アカウント情報] をクリックして，表示される画面にEndNote X8（X7）の表記があれば，アカウントはX8（X7）とリンクしています。

2. アカウントの設定

EndNoteメニューバー [Edit] → [Preferences]（Macはメニューバー [EndNote X8] → [Preferences]）を選択する（p.102 Fig9-2を参照）。開いた画面の左側リストから [Sync] を選択し，[Enable Sync] ボタンをクリックした後，[Sign Up] ボタンをクリックして，オンラインアカウントに使用するメールアドレスを2回入力します。

※共有の招待メールを受信する必要があります。もし招待メールが届かない場合はnoreply@endnote.comからのメール受信を許可してください。

3. ライブラリの共有

●自分のライブラリを他の人と共有

共有したいライブラリをEndNote online（Web）で同期します。
※EndNote online上に，共有したい文献以外が保存されている場合は，（現在操作中のPC内にあるEndnoteX8の文献データが最新データになっていることを確認した後に），Web上データをすべて削除します。

❶ 同期設定を確認します。
EndNoteメニューバー [Edit] → [Preferences]（Macはメニューバー [EndNote X8] →

［Preferences］）を選択する（p.102　Fig9-2を参照）。開いた画面の左側リストから［Sync］を選択し，［Enable Sync］ボタンをクリックした後，オンラインアカウントのメールアドレスとパスワードを入力して［適用］と［OK］（Macは［Save］）をクリックします。
※この手順は，2回目以降は省略できます。

❷　メニューバー［Tools］→［Sync］を選択すると同期が始まります（同期が問題なく行える状態でないと，共有機能はうまく動きません）（**Fig13-18**）。

Fig13-18

❸　同期完了後に，EndNote メニューバー［File］→［Share］を選択するか「Share」ボタンをクリックすると共有設定画面が表示されます（**Fig13-19**）。

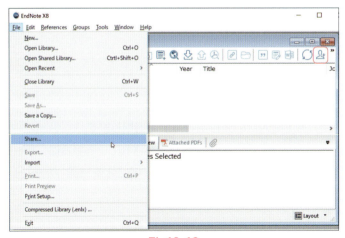

Fig13-19

❹ Sharing画面の真ん中にある[Enter email addresses separated by commas]欄に，共有したいユーザーのEndNoteオンラインアカウントのメールアドレスを入力し，[Add a message]欄にコメントを記入して，[Invite]ボタンをクリックすると共有設定が完了します(**Fig13-20**)。

Fig13-20

❺ 上記のSharing画面の上段で，現在ライブラリを共有しているユーザーを確認することができます。自分を含めてEndnote X7.2では最大15名，Endnote X8以降では最大100名までのユーザーで共有できます。また，それぞれのユーザー名の右にある歯車のマークをクリックし，[Remove]を選択するとそのユーザーをライブラリ共有から外すことができます。

❻ 設定したメールアドレス宛てに，共有ライブラリを見るための招待メールが送られます。

● グループ(他人)のライブラリを共有

❶ ライブラリ共有：招待メール中の[Accept]ボタンをクリックします(**Fig13-21**)。ログイン画面になりますので，EndNoteオンラインアカウントのメールアドレスおよびパスワードを入力して[Accept]ボタン(**Fig13-22**)をクリックすると，You're ready to access this shared library! という画面が表示されます。

189

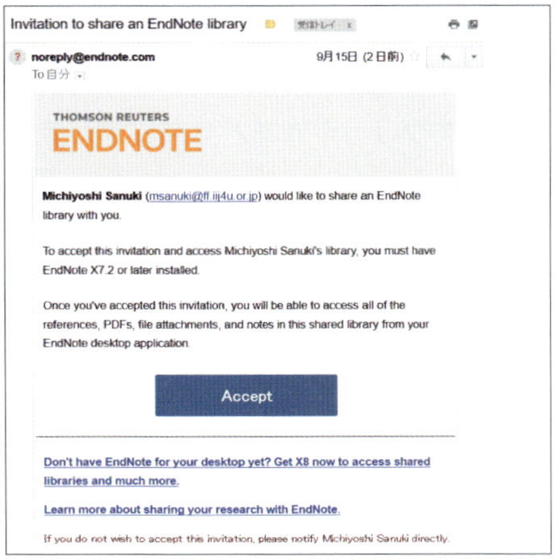

第13章 リンク，データライブラリの共有

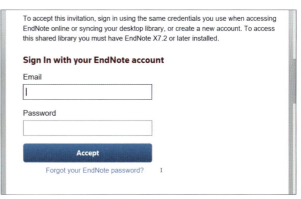

Fig13-21

Fig13-22

❷ アプリケーション版EndNote X8(X7.2)のメニューバー[File]→[Open Shared Library]を選択(Fig13-23)して，共有元メールアドレスを選択し，[Open]をクリックする(Fig13-24)と共有ライブラリにアクセスできます。

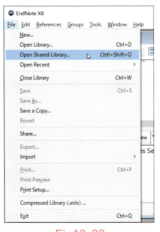

Fig13-23

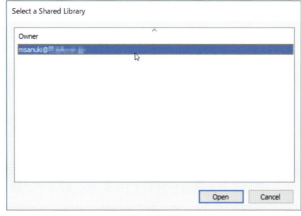

Fig13-24

ライブラリをいったん共有すると，共有ユーザー全員が文献情報や添付ファイルを閲覧・編集できるようになります。編集後は，必ず[Sync]ボタンをクリックして変更を反映させます。なお，共有ユーザー間で同時にライブラリを開いても問題はありません。

重要 共有できるライブラリの数

自分が共有元として他人を招待するには1つのライブラリしか共有できません。共有元から招待される側は，共有するライブラリの数に制限はありません。

COLUMN　DropboxでどこでもEndNote

　EndNote basicは，インターネット接続があればWeb環境でEndNoteとほぼ同等のことができるクラウドソフトウエアです。しかし，インターネット接続がないオフラインでは使用できないのが難点です。そこで，DropboxにEndNoteの.enlファイルと.Dataフォルダを置くことで，クラウド上とローカルPC（Macintosh/Windows）で同期させて，EndNoteをオフラインでも使えるようにする方法があります。

●手　順

① Dropboxを同期したいローカルPCの各々にインストールする。
② enlファイルとdataフォルダ（デフォルトではMy EndNote Library.enlとMy EndNote Library.Data）を，Dropboxの同じ階層のフォルダにコピーする（**Fig13-25**）。ここがポイントです。

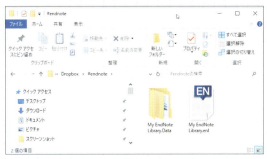

Fig13-25（Windows）

Fig13-25（Mac）

③ EndNoteを起動する。

❹ [File]➡[Open]➡[Open Library]でMy Dropboxフォルダの.enlファイルを選択する。

❺ [Edit]➡[Preferences]でLibrariesのステータスをOpen the specified librariesに設定して，先のファイルを選択する（Fig13-26）。

Fig13-26

これでどこでもEndNoteの編集が可能です。インターネットに接続されて，Dropboxが同期を行っている限り常に同期された状態でEndNoteが使えます。DropboxはローカルPCとクラウドの両方に同じデータを持ちますので，常に同期が取れた状態になります。オフラインで持ち出せるのは，Dropboxの同期が終わってからになります。

Dropbox
http://www.dropbox.com/

通常のオンラインストレージのような使用法のほか，専用アプリをインストールすると，特定のフォルダをWebと常に同期します。

※DropboxはWindows, Mac, Linux, iPhone/iPad, Android, BlackBerry間でクラウドを介してファイル同期が可能ですが，EndNoteの.enlファイルが扱えるのはMacintosh版およびWindows版EndNoteがインストールされている端末のみです。

第14章 データ変換自由自在

ほかのデータベースとEndNoteとのデータのやりとり

　データを，ほかのデータベースに移すときのテクニックについて解説しています。工夫が必要な場合が多いため，ここに紹介するのは一つの方法とお考えください。

1 FileMaker ProやMicrosoft Excelにデータを移す

タブ区切りテキストを作成することによって実現できます。

EndNoteはテンプレートファイルを作成することができますので，書き出し用のStyleファイルを作成します。

❶ 新しいOutput Styleを作成します（ファイルメニューから [Edit] ➡ [Output Styles] ➡ [New Style...] を選択します）。

❷ About this Styleの「Based On:」に`Tab modified`，「Category:」に`export`と入力してください（Fig14-1）。

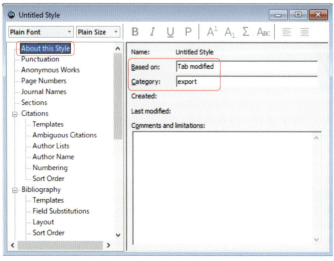

Fig14-1

❸ Bibliographyの「Templates」に [Reference Types ▶] を使用して，GenericとJournal Articleを作成してください（Fig14-2）。

❹ さらに，[Insert Field ▶] を使用して「Generic」に「`Title`➡`Author`➡`Secondary Title`➡`Year`➡`Volume`➡`Number`➡`Pages`➡`Abstract`➡`URL`➡`Author Address`」を，「Journal Article」に「`Title`➡`Author`➡`Journal`➡`Year`➡`Volume`➡`Issue`➡`Pages`➡`Abstract`➡`URL`➡`Author Address`」を入力してください（Fig14-2）。➡は `tab` を表します。

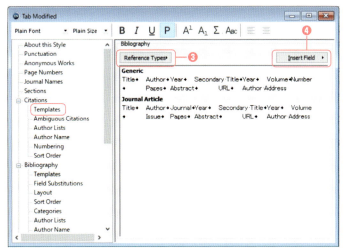

Fig14-2

❺ Bibliographyの「Author Lists」と「Editor Lists」(同じ形式のダイアログ)にSeparatorとして ; (セミコロン)を4カ所入力してください(**Fig14-3**)。

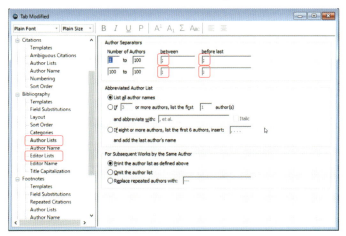

Fig14-3

❻ Bibliographyの「Layout」に［Insert Field ▶］を使用して「Reference Type ➡」と入力してください（Fig14-4）．右上の☒をクリックすると保存するかどうか聞いてきますので［はい］をクリックしファイル名を「Tab Style」として保存してください．

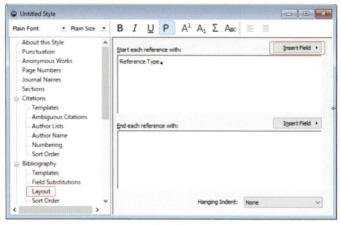

Fig14-4

❼ 必要な文献を Ctrl ＋クリック（Macintoshでは command ⌘ ＋クリック）で選択して（Fig14-5），ファイルメニューから［File］➡［Export...］を選択すると，保存のダイアログが表示されますので，「〇〇.txt」（〇〇は任意のアルファベット）というようにファイル名をつけてテキスト形式で保存してください．

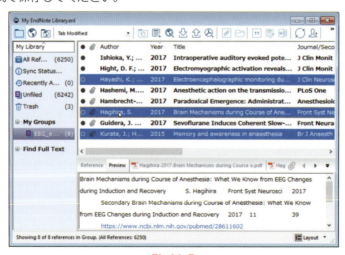

Fig14-5

❽ 作成されたテキスト形式のファイルは以下のような順番のタブ区切りファイルになっています。

`Reference Type ➡ Title ➡ Author ➡ Secondary Title ➡ Year ➡ Volume ➡ Number ➡ Pages ➡ Abstract ➡ URL ➡ Author Address`

COLUMN　PubMedからのKeywordsとNotes

　PubMedからインポートした文献はKeywordsやNotesに取り込まれるデータにリターン記号が入ってしまい，タブ区切りファイルの書き出し時に，これらのフィールドを含めると1レコード中にいくつものリターン記号が入ってしまうためうまくいきません。医中誌Webからのものは，KeywordsやNotesを含んでも問題ありません。そこで，英文と和文で書き出しフィールドを変えたStyleを作成し使い分ける必要があります。

`Reference Type ➡ Title ➡ Author ➡ Secondary Title ➡ Year ➡ Volume ➡ Number ➡ Pages ➡ Abstract ➡ URL ➡ Author Address`

の最後「`URL ➡ Author Address`」を日本語文献では「`Keywords ➡ Notes`」としています（Fig14-6）。

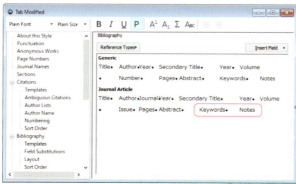

Fig14-6

　医中誌Webをタグ付き形式でEndNoteに取り込んだときには，所属名はNotesフィールドに入るようになっています。なお，これらのStylesファイルは，ユサコのユーザー専用ページからダウンロード可能です。

2 ほかのデータベースソフトからデータを取り込む

タブ区切りテキストを作成し，以下の決まりのヘッダを追加することによって実現できます。EndNoteに取り込めるのはタブ区切りファイルで，以下の条件を満たすもののみです。

> **取り込みのためのデータファイル形式のきまり**
> 1行目：*Generic
> 2行目：EndNote側のフィールドの指定
> 3行目以降：実データ（1件を1行に書く）

Reference Type ➡ Title ➡ Author ➡ Secondary Title ➡ Year ➡ Volume ➡ Number ➡ Pages ➡ Abstract ➡ URL ➡ Author Address

または

Reference Type ➡ Title ➡ Author ➡ Secondary Title ➡ Year ➡ Volume ➡ Number ➡ Pages ➡ Abstract ➡ Keywords ➡ Notes

という形式のデータをEndNoteに取り込むことを考えてみましょう。

❶ FileMaker Pro（またはMicrosoft Excel）で上記の順番にタブ区切りでファイルを書き出してデータを用意します（**Fig14-7**）。

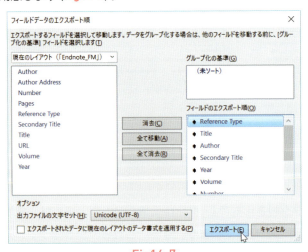

Fig14-7

❷ このデータは上記のきまりに示した，3行目以降のものしかありません（**Fig14-8**）。1行目と2行目をファイルの先頭に付け加える必要があります。

インポートのためのデータファイル処理

Journal Article <tab> Easy Pie <tab>Jones, J// Smith, S. <tab> J. of Eating <tab> 1994 …< ¶ >

Journal Article <tab> Rain Hats <tab>Woo, W. //Lee, L. <tab> J. of Clothing <tab> 1995 …< ¶ >

Journal Article <tab> Cat Talk <tab> Carlos, C.//Luis, R. <tab> J. of Animals<tab> 1991 …< ¶ >

3行目以降のものしかない

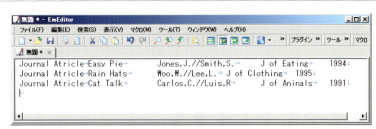

Fig14-8

❸ テキストエディタで以下のように付け加えてください（**Fig14-9**）。

付け加える

1行目 — ***Generic < ¶ >**

2行目 — Reference Type <tab> Title <tab>Author<tab>Secondary Title <tab>Year <tab>Volume<tab>Number<tab>Pages<tab>Abstract<tab>URL<tab>Author Address< ¶ >

Journal Article <tab> Easy Pie <tab>Jones, J// Smith, S. <tab> J. of Eating <tab> 1994 …< ¶ >

Journal Article <tab> Rain Hats <tab>Woo, W. //Lee, L. <tab> J. of Clothing <tab> 1995 …< ¶ >

Journal Article <tab> Cat Talk <tab> Carlos, C.//Luis, R. <tab> J. of Animals<tab> 1991 …< ¶ >

Fig14-9

※ <tab> や < ¶ > 記号は，実際のタブや改行が挿入されたことを意味します。

❹ 保存した後，EndNoteのファイルメニューから [Files] ➡ [Import...] でダイアログ（Fig14-10）を表示して Tab Delimited を選択したのち，[Choose...] で先ほど作成した，タブ区切りファイルを選択してください。

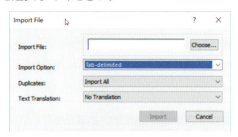

Fig14-10

●追加事項

❶ テキストファイルのみがインポートできます。これはインポート中に，フォントやテキストスタイルが保持されないことを意味します。

❷ ファイルのフィールド名やReference Type名はすべてEndNoteのものと一致しなくてはいけません。第16章p.223の文献タイプとフィールド名リストを参照してください。

❸ 複数の著者名は，ダブルスラッシュ(//)で区切ります。

❹ フィールドにタブや段落記号を入れることはできません。データの行は次の行にラップ（包み込み）されます。前後のスペースは，インポート中に削除されます。大文字や小文字の変換は，インポート中に実行されません。

❺ Unused（未使用）という予備フィールド名はEndNoteにインポートしたくないデータに使用します。

COLUMN タブ区切りファイルのインポート中のエラー

EndNoteがデータやフィールドをインポートできない場合，エラーメッセージが表示されます．基本的なエラーには以下の3種類があります．

● **Bad Default Reference Type**
ファイルの1行目で指定したデフォルトのリファレンスタイプが，EndNoteの有効なリファレンスタイプ名ではない場合．

● **Bad Field Name**
ファイルの2行目に入力したフィールド名が，EndNoteの有効なフィールド名ではない場合．

● **Missing Reference Type Information**
ファイルにデフォルトのリファレンスタイプが指定されていない場合，また，リファレンスにリファレンスタイプフィールドが定義されていない場合．

インポート中にこれらのエラーが発生した場合，ワープロのインポートファイルを開き，問題を修正後，ファイルをテキストファイルで保存し，再度インポートします．

第14章　データ変換自由自在

> **COLUMN** EndNote, FileMaker Pro, Microsoft Excel, 秀丸エディタの入力文字数制限
>
> ● **EndNote**
> ライブラリファイルのレコード保存数は無制限
> 1レコードの最大長は64,000半角英数文字以内
> レコード内の1項目の最大長は32,000半角英数文字以内
>
> ● **FileMaker Pro**
> フィールドあたり約32,000（半角で約64,000）文字
>
> ● **Microsoft Excel**
> ワークシートのサイズ1,048,576行，16,384列
> 32,767文字。セルに表示できるのは1,024文字まで（列の幅255文字）
> 数式バーでは32,767文字すべての表示が可能
>
> ● **秀丸エディタ**
> 最大1,000万行のファイルまで編集可能
> ファイルサイズは制限なし（制限は行数のみ）
>
> 　いずれにしろ，どのソフトウェアでも1フィールド（セル）あたり32,000文字まで入力可能であることは，文献整理の使用目的では事実上問題になることはないと思われます。

第15章 ちょっと気になる上級オプション

これまでの章で解説しなかった，上級の設定

　ここでは，上級者に気になるオプション設定を紹介しています。主として各種設定のカスタマイズについて書いています。

第15章 ちょっと気になる上級オプション

1 ライブラリ画面のカスタマイズ

Windows版のEndNoteで，Previewを表示したり，リファレンス画面を開くと日本語文献では文字化けを起こすため，これらを表示しないようにできるだけライブラリ画面に必要項目を表示することを考えてみましょう。

ライブラリ画面には通常「🖉」，「Author」，「Year」，「Title」，「Journal」，「Ref Type」の順に並んでいます。これを変更して，Fig15-1のように「Show All Fields」を選択し，「Preview」タブで表示すればリストを見ただけでどんな論文であるかを推測できる可能性があります。また，Abstractが入っているかどうかもリスト表示のみでわかります。

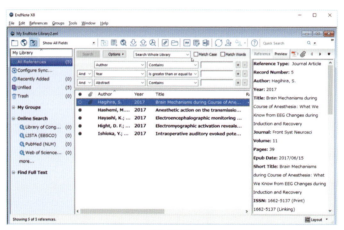

Fig15-1

ファイルメニューの [Edit] ➡ [Preferences...] で表示される，「Display Fields」を選択し，Fig15-2からFig15-3のように変更してください。

Fig15-2

Fig15-3

205

2 スペルチェック機能

手入力をしたときに役に立つ機能です。リファレンス画面を開いているときにのみ有効です。ファイルメニューから [Tools] ➡ [Spell Check] を選択（Fig15-4）すると，ダイアログ（Fig15-5）が表示されます。

この場合，間違いがなければ [Add] で辞書に加えます。[Ignore] や [Ignore All] は辞書には加えません。[Suggest] で，これまでに登録されている候補が「Suggestions:」に表示されます。

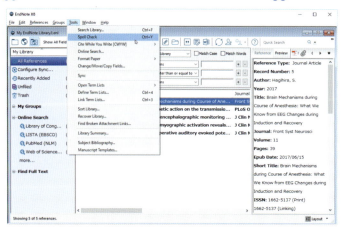

Fig15-4

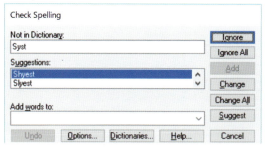

Fig15-5

3 フィルタのカスタマイズ

フィルタファイルというのは文献データベースから出力された，ある規則に従ったテキスト形式のファイル内容から，EndNoteに取り込むための規則を定義したものです。PubMedからのMEDLINE形式のデータを取り込む際に，施設名が取り込まれません。標準で用意されているフィルタファイルにはその定義がされていないからです。そこで，PubMedからの取り込みに施設名

をNotesフィールドに取り込むように設定してみましょう。

❶ ファイルメニューの[Edit]➡[Import Filters]➡[Open Filter Manager...]でダイアログ(Fig15-6)が開きます。「PubMed (NLM)」を選択して，左側の□にチェックマークを付けてください。

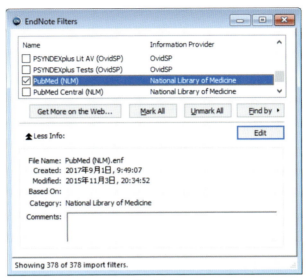

Fig15-6

❷ [Edit]ボタンをクリックすると，ダイアログが開きますので，左側のメニューから「Templates」を選択してください(Fig15-7)。

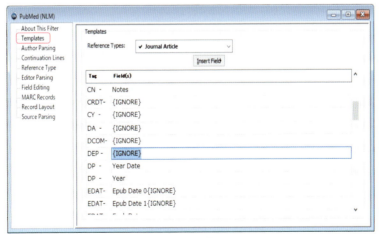

Fig15-7

207

❸ 「Tag」の「DEP-」の右側の「{IGNORE}」を選択したのち，[Insert Field▶]をクリックして，Fig15-8のようにNotesを選択してください．選択後は右上の⊠をクリックすると，ウインドウを閉じると保存するかどうかを聞いてきますので [はい] をクリックしてください．これでEndNoteのNotesフィールドに施設名が取り込まれます．

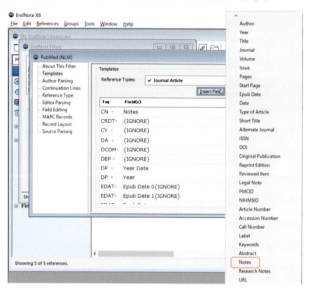

Fig15-8

4 コネクションファイルのカスタマイズ

コネクションファイルとは，EndNote内から直接インターネット上のデータベースに接続して検索からEndNoteへの取り込みまでを行うために，通信の方法やEndNoteリファレンスファイルのフィールドへの取り込み定義などを行っているファイルです．

取り込み定義部分の変更を行うには，ファイルメニューの [Edit] ➡ [Connection Files] ➡ [Open Filter Manager...] でダイアログ（Fig15-9）が開きます．「PubMed (NLM)」を選択して，左側の□にチェックマークを付けてください．[Edit] ボタンをクリックすると，ダイアログが開きますので，左側のメニューから「Templates」を選択してください（Fig15-10）．そのあとは，前述のフィルタのカスタマイズと同様の方法で行うことができます．「Connection Settings」など（Fig15-11）は，Z39.50プロトコルの理解が必須です．

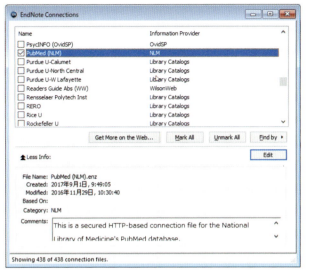

Fig15-9

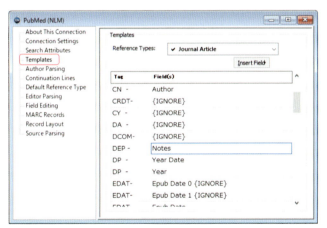

Fig15-10

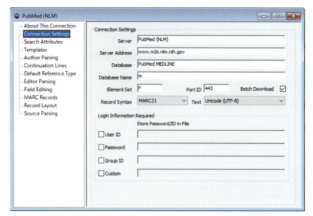
Fig15-11

　Z39.50とは，米国の図書館組織が考案した情報検索のための標準プロトコルで，1988年には米国のANSI規格になり，その後ISO規格に採用されました。1998年には日本のJIS規格になり，今では国際的な情報検索プロトコルとして認識されています。

Z39.50については以下のホームページを参考にしてください。
・Z39.50（ウィキペディア）
http://ja.wikipedia.org/wiki/Z39.50

また，Z39.50を使用した実例として以下のサイトがあります。
・TDL（東京工業大学電子図書館）
http://tdl.libra.titech.ac.jp/

・WINE　早稲田大学学術情報検索システム
http://wine.wul.waseda.ac.jp/

5 より細かいStyleの変更（極めたい方のために）

●特殊フォーマット記号の使用法

ファイルメニューの[Edit] ➡ [Output Styles] ➡ [Open Style Manager...]でAnesthesiologyを選択するとダイアログ（Fig15-12）が開きます。[Bibliography] ➡ [Templates]で表示されるのが，Output Styleの定義部分です。ここには，|や`などの見慣れない記号が表示されています。これらの使用について解説します。

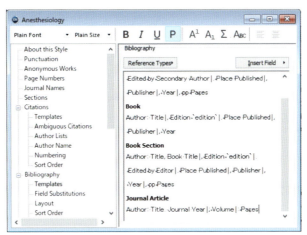

Fig15-12

1）半角スペース

通常は，半角スペース（ここでは_で表示）は，スタイルの中では文字とフィールドを分けるために使用します。

たとえば，

`Volume_(Issue)`と書けばIssueがないときにはVolumeのみが表示されます。

　　10巻3号　10(3)

　　10巻　　10

`Volume(Issue)`では

　　10巻3号　10(3)

　　10巻　　10(

となり，余分な(が入ってしまいます。

これを，「フィールド名にかかる」といいます。

2）強制かかり記号（Windowsでは，Ctrl＋Alt＋スペース，MacintoshではOption＋スペース）

なかにはフィールド名にかかってほしくない文字があります。

`Editor  ed.`

と入力するとEditorに名前が入っていなくてもすべてに，`ed.`が表示されてしまいます。これを防ぐために半角スペースの代わりに，強制かかり記号（Windowsでは，Ctrl＋Alt＋スペース，MacintoshではOption＋スペース）をed.の前に使用します。または，[Insert Fields▶]をクリックして表示される[Link Adjacent Text]を選択します（**Fig15-13**）。

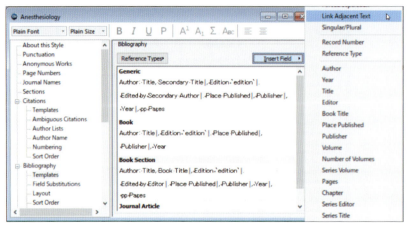

Fig15-13

3）強制分離記号（|）

Fig15-12のJournal Articleをみると，

`Author: Title. Journal Year|; Volume|: Pages`

と書かれています。

この「|」は，強制分離記号と呼ばれ，文字やスペースが先行あるいは後続するフィールドにかかってほしくないときに使用されます。「|」はキーボードから入力するか[Insert Fields▶]をクリックして表示される[Forced Separation]を選択します。

このまま実例を表示すると

Scheufler KM, Zentner J: Total intravenous anesthesia for intraoperative monitoring of the motor pathways: an integral view combining clinical and experimental data. J Neurosurg 2002; 96: 571-9

となりますが，試しに`Author: Title. Journal Year|; Volume: Pages`として，：

Pagesの前の | を消してみます。Pagesがないと

　　Scheufler KM, Zentner J: Total intravenous anesthesia for intraoperative monitoring of the motor pathways: an integral view combining clinical and experimental data. J Neurosurg 2002; 96:

のように表示されてしまいます。Pagesがないときには : を表示してほしくないので | が入っているわけです。

4）フィールド名を文献に表示する（ ` ）

　フィールド項目名と同じ文字列を入力したい場合には「`」記号を用います。キーボードから入力します。

　　たとえば，

　　　`(Issue) ``issued```

というような場合です（issuedは付加文字列，Issueはフィールド名）。
実例として，

　　　(7) issued

と表示されます。

5）フィールドデータの単数・複数による付加文字列の使い分け（ ^ ）

　「^」記号を用いると「Author」，「Editor」，「Pages」の各フィールドで単数と複数で付加する文字列を使い分けられます。キーボードから入力するか [Insert Fields ▶] をクリックして表示される [Singular/plural] を選択します。

　　　`Editor,ed.^eds.`

のように使用し，Editorが1人なら `ed`，2人以上なら `eds.` を表示します。

COLUMN　ファイル名と文字数

　Windows（Windows 95以降）では長いファイル名をつけられるようになり，半角文字で255文字までの名前を設定できます。ところがWindows 3.1やMS-DOSでは，半角8文字より長いファイル名は扱えません。そこで，Windows 95ではその対応として，「8文字＋拡張子3文字」という従来の形での名前を自動的に作ります。この場合8文字を超える部分には「~」がつけられます。Macintoshの場合は，半角で31文字の制限があります。半角31文字を超えるファイル名は，短く変換されてしまいます。

　また，ファイル名をつける際に，Macintoshで使えてもWindowsでは使えない文字があります。それは下の表にある11文字で，いずれも半角の記号です。全角文字であれば使用は可能ですが，なるべくこれらの記号を使わないようにしたほうが無難でしょう。

記号	名前
¥	円記号
:	コロン
;	セミコロン
?	疑問符
<	小なり記号
>	大なり記号
|	縦線
/	スラッシュ
.	ピリオド
*	アスタリスク
"	ダブルクォーテーション

※ピリオドは，ファイル名と拡張子の区切り部分にしか使用できません。ファイル名中に2つ以上使用しないでください。

COLUMN / Macintosh ←→ Windows間でライブラリを共有する際の注意

　ライブラリファイルのファイル名に拡張子 ".enl" をつければ，両方の機種で読み書きできます。

　ちなみにStyleファイルは ".ens"，Filterファイルは ".enf"，Connectionsファイルは ".enz" で，Microsoft Wordのtemplateファイルは ".dot" です。

第16章 設定，ツールバー，ファイルメニュー

　設定，ツールバー，ファイルメニューの一覧を示しています。PC上でメニューを開かずに参照できますので，便利です。

第16章 設定，ツールバー，ファイルメニュー

1 メニューバー

●ツールバー

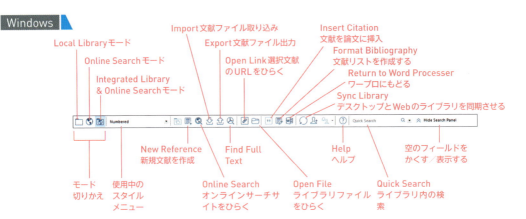

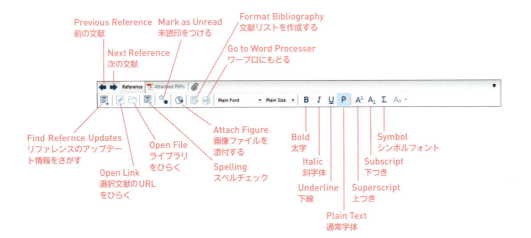

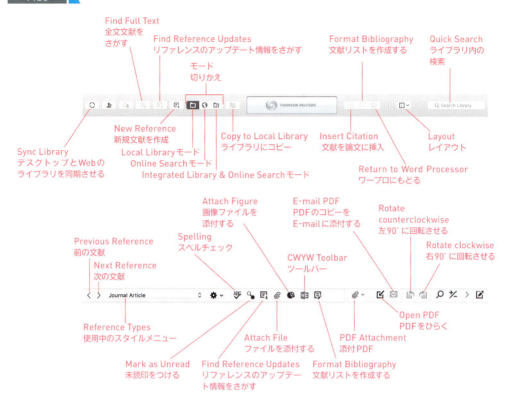

● ファイルメニュー

Windows

Mac

第16章 設定，ツールバー，ファイルメニュー

ファイルメニュー内の項目をみるとショートカットがわかります。

EndNote X8

Mac

File

Windows

Mac

Edit

Windows

第16章　設定，ツールバー，ファイルメニュー

2 文献タイプとフィールド名リスト

　EndNote X7では，あらかじめ用意された48種類のリファレンス（文献）タイプと3個のカスタマイズして使用できる空のリファレンスタイプがあります。どのリファレンスタイプを使うかはp.46を参照してください。

	Generic	Aggregated Database	Ancient Text
1	Author	Author	Author
2	Year	Year	Year
3	Title	Title	Title
4	Secondary Author		Editor
5	Secondary Title	Periodical	Publication Title
6	Place Published	Place Published	Place Published
7	Publisher	Publisher	Publisher
8	Volume	Volume	Volume
9	Number of Volumes		Number of Volumes
10	Number	Publication Number	Text Number
11	Pages	Pages	Pages
12	Section	Screens	
13	Tertiary Author		
14	Tertiary Title		Volume Title
15	Edition	Date Published	Edition
16	Date	Date Accessed	Date
17	Type of Work	Type of Work	Type of Work
18	Subsidiary Author		Translator
19	Short Title	Short Title	Short Title
20	Alternate Title	Alternate Title	Abbreviated Publication
21	ISBN/ISSN	ISBN/ISSN	ISBN
22	DOI	DOI	DOI
23	Original Publication	Original Publication	Original Publication
24	Reprint Edition		Reprint Edition
25	Reviewed Item		Reviewed Item
26	Custom 1		
27	Custom 2		
28	Custom 3		
29	Custom 4		
30	Custom 5		
31	Custom 6		
32	Custom 7		
33	Custom 8		
34	Accession Number	Accession Number	Accession Number
35	Call Number		Call Number
36	Label	Label	Label
37	Keywords	Keywords	Keywords
38	Abstract	Abstract	Abstract
39	Notes	Notes	Notes
40	Research Notes	Research Notes	Research Notes
41	URL	URL	URL
42	File Attachments	File Attachments	File Attachments
43	Author Address	Author Address	Author Address
44	Figure	Figure	Figure
45	Caption	Caption	Caption
46	Access Date		Access Date
47	Translated Author	Translated Author	Translated Author
48	Translated Title	Translated Title	Translated Title

	Generic	Aggregated Database	Ancient Text
49	Name of Database	Name of Database	Name of Database
50	Database Provider	Database Provider	Database Provider
51	Language	Language	Language
52	Added to Library	Added to Library	Added to Library
53	Last Updated	Last Updated	Last Updated

	Generic	Artwork	Audiovisual Material
1	Author	Artist	Author
2	Year	Year	Year
3	Title	Title	Title
4	Secondary Author		Series Editor
5	Secondary Title		Series Title
6	Place Published	Place Published	Place Published
7	Publisher	Publisher	Publisher
8	Volume		Volume
9	Number of Volumes		Extent of Work
10	Number	Size	Number
11	Pages	Description	
12	Section		
13	Tertiary Author		
14	Tertiary Title		
15	Edition	Edition	Edition
16	Date	Date	Date
17	Type of Work	Type of Work	Type
18	Subsidiary Author		Performers
19	Short Title	Short Title	Short Title
20	Alternate Title	Alternate Title	Alternate Title
21	ISBN/ISSN		ISBN
22	DOI	DOI	DOI
23	Original Publication		Contents
24	Reprint Edition		
25	Reviewed Item		
26	Custom 1		Cast
27	Custom 2		Credits
28	Custom 3	Size/Length	Size/Length
29	Custom 4		
30	Custom 5		Format
31	Custom 6		
32	Custom 7		
33	Custom 8		
34	Accession Number	Accession Number	Accession Number
35	Call Number	Call Number	Call Number
36	Label	Label	Label
37	Keywords	Keywords	Keywords
38	Abstract	Abstract	Abstract
39	Notes	Notes	Notes
40	Research Notes	Research Notes	Research Notes
41	URL	URL	URL
42	File Attachments	File Attachments	File Attachments
43	Author Address	Author Address	Author Address
44	Figure	Figure	Figure
45	Caption	Caption	Caption
46	Access Date	Access Date	Access Date
47	Translated Author	Translated Author	Translated Author
48	Translated Title	Translated Title	Translated Title
49	Name of Database	Name of Database	Name of Database
50	Database Provider	Database Provider	Database Provider
51	Language	Language	Language
52	Added to Library	Added to Library	Added to Library

	Generic	Artwork	Audiovisual Material
53	Last Updated	Last Updated	Last Updated

	Generic	Bill	Blog
1	Author		Author
2	Year	Year	Year
3	Title	Title	Title of Entry
4	Secondary Author		Editor
5	Secondary Title	Code	Title of WebLog
6	Place Published		Place Published
7	Publisher		Publisher
8	Volume	Code Volume	Access Year
9	Number of Volumes		
10	Number	Bill Number	
11	Pages	Code Pages	Description
12	Section	Code Section	Message Number
13	Tertiary Author		Illustrator
14	Tertiary Title	Legislative Body	Institution
15	Edition	Session	Edition
16	Date	Date	Last Update Date
17	Type of Work		Type of Medium
18	Subsidiary Author	Sponsor	
19	Short Title	Short Title	Short Title
20	Alternate Title		Alternate Title
21	ISBN/ISSN		ISBN
22	DOI	DOI	DOI
23	Original Publication	History	Contents
24	Reprint Edition		
25	Reviewed Item		
26	Custom 1		Author Affiliation
27	Custom 2		
28	Custom 3		
29	Custom 4		
30	Custom 5		
31	Custom 6		
32	Custom 7		
33	Custom 8		
34	Accession Number	Accession Number	Accession Number
35	Call Number	Call Number	Call Number
36	Label	Label	Label
37	Keywords	Keywords	Keywords
38	Abstract	Abstract	Abstract
39	Notes	Notes	Notes
40	Research Notes	Research Notes	Research Notes
41	URL	URL	URL
42	File Attachments	File Attachments	File Attachments
43	Author Address	Author Address	Author Address
44	Figure	Figure	Figure
45	Caption	Caption	Caption
46	Access Date	Access Date	Access Date
47	Translated Author	Translated Author	Translated Author
48	Translated Title	Translated Title	Translated Title
49	Name of Database	Name of Database	Name of Database
50	Database Provider	Database Provider	Database Provider
51	Language	Language	Language
52	Added to Library	Added to Library	Added to Library
53	Last Updated	Last Updated	Last Updated

	Generic	Book	Book Section
1	Author	Author	Author
2	Year	Year	Year
3	Title	Title	Title
4	Secondary Author	Series Editor	Editor
5	Secondary Title	Series Title	Book Title
6	Place Published	Place Published	Place Published
7	Publisher	Publisher	Publisher
8	Volume	Volume	Volume
9	Number of Volumes	Number of Volumes	Number of Volumes
10	Number	Series Volume	Series Volume
11	Pages	Number of Pages	Pages
12	Section	Pages	Chapter
13	Tertiary Author	Editor	Series Editor
14	Tertiary Title		Series Title
15	Edition	Edition	Edition
16	Date	Date	
17	Type of Work	Type of Work	
18	Subsidiary Author	Translator	Translator
19	Short Title	Short Title	Short Title
20	Alternate Title	Abbreviation	Abbreviation
21	ISBN/ISSN	ISBN	ISBN
22	DOI	DOI	DOI
23	Original Publication	Original Publication	Original Publication
24	Reprint Edition	Reprint Edition	Reprint Edition
25	Reviewed Item		Reviewed Item
26	Custom 1		Section
27	Custom 2		
28	Custom 3	Title Prefix	Title Prefix
29	Custom 4	Reviewer	Reviewer
30	Custom 5		Packaging Method
31	Custom 6		
32	Custom 7		
33	Custom 8		
34	Accession Number	Accession Number	Accession Number
35	Call Number	Call Number	Call Number
36	Label	Label	Label
37	Keywords	Keywords	Keywords
38	Abstract	Abstract	Abstract
39	Notes	Notes	Notes
40	Research Notes	Research Notes	Research Notes
41	URL	URL	URL
42	File Attachments	File Attachments	File Attachments
43	Author Address	Author Address	Author Address
44	Figure	Figure	Figure
45	Caption	Caption	Caption
46	Access Date	Access Date	Access Date
47	Translated Author	Translated Author	Translated Author
48	Translated Title	Translated Title	Translated Title
49	Name of Database	Name of Database	Name of Database
50	Database Provider	Database Provider	Database Provider
51	Language	Language	Language
52	Added to Library	Added to Library	Added to Library
53	Last Updated	Last Updated	Last Updated

	Generic	Case	Catalog
1	Author		Author
2	Year	Year Decided	Year
3	Title	Case Name	Title
4	Secondary Author		Institution

	Generic	Case	Catalog
5	Secondary Title	Reporter	Series Title
6	Place Published		Place Published
7	Publisher	Court	Publisher
8	Volume	Reporter Volume	Volume
9	Number of Volumes	Reporter Abbreviation	Catalog Number
10	Number	Docket Number	Series Volume
11	Pages	First Page	Pages
12	Section	Filed Date	Number of Pages
13	Tertiary Author	Higher Court	
14	Tertiary Title	Decision	
15	Edition	Action of Higher Court	Edition
16	Date	Date Decided	Date
17	Type of Work	Citation of Reversal	Type of Work
18	Subsidiary Author	Counsel	Translator
19	Short Title	Abbreviated Case Name	Short Title
20	Alternate Title	Parallel Citation	Abbreviation
21	ISBN/ISSN		ISBN
22	DOI	DOI	DOI
23	Original Publication	History	Original Publication
24	Reprint Edition		Reprint Edition
25	Reviewed Item		
26	Custom 1		
27	Custom 2		
28	Custom 3		
29	Custom 4		
30	Custom 5		Packaging Method
31	Custom 6		
32	Custom 7		
33	Custom 8		
34	Accession Number	Accession Number	Accession Number
35	Call Number	Call Number	Call Number
36	Label	Label	Label
37	Keywords	Keywords	Keywords
38	Abstract	Abstract	Abstract
39	Notes	Notes	Notes
40	Research Notes	Research Notes	Research Notes
41	URL	URL	URL
42	File Attachments	File Attachments	File Attachments
43	Author Address	Author Address	Author Address
44	Figure	Figure	Figure
45	Caption	Caption	Caption
46	Access Date	Access Date	Access Date
47	Translated Author	Translated Author	Translated Author
48	Translated Title	Translated Title	Translated Title
49	Name of Database	Name of Database	Name of Database
50	Database Provider	Database Provider	Database Provider
51	Language	Language	Language
52	Added to Library	Added to Library	Added to Library
53	Last Updated	Last Updated	Last Updated

	Generic	Chart or Table	Classical Work
1	Author	Created By	Attribution
2	Year	Year	Year
3	Title	Title	Title
4	Secondary Author	Name of File	Series Editor
5	Secondary Title	Image Source Program	Series Title
6	Place Published	Place Published	Place Published
7	Publisher	Publisher	Publisher
8	Volume	Image Size	Volume

227

	Generic	Chart or Table	Classical Work
9	Number of Volumes		Number of Volumes
10	Number	Number	Series Volume
11	Pages	Description	Number of Pages
12	Section		
13	Tertiary Author		
14	Tertiary Title		
15	Edition	Version	Edition
16	Date	Date	
17	Type of Work	Type of Image	Type
18	Subsidiary Author		Translator
19	Short Title		Short Title
20	Alternate Title		Alternate Title
21	ISBN/ISSN		ISSN/ISBN
22	DOI	DOI	DOI
23	Original Publication		Original Publication
24	Reprint Edition		Reprint Edition
25	Reviewed Item		
26	Custom 1		
27	Custom 2		
28	Custom 3		
29	Custom 4		
30	Custom 5		
31	Custom 6		
32	Custom 7		
33	Custom 8		
34	Accession Number	Accession Number	Accession Number
35	Call Number	Call Number	Call Number
36	Label	Label	Label
37	Keywords	Keywords	Keywords
38	Abstract	Abstract	Abstract
39	Notes	Notes	Notes
40	Research Notes	Research Notes	Research Notes
41	URL	URL	URL
42	File Attachments	File Attachments	File Attachments
43	Author Address	Author Address	Author Address
44	Figure	Figure	Figure
45	Caption	Caption	Caption
46	Access Date	Access Date	Access Date
47	Translated Author	Translated Author	Translated Author
48	Translated Title	Translated Title	Translated Title
49	Name of Database	Name of Database	Name of Database
50	Database Provider	Database Provider	Database Provider
51	Language	Language	Language
52	Added to Library	Added to Library	Added to Library
53	Last Updated	Last Updated	Last Updated

	Generic	Computer Program	Conference Paper
1	Author	Programmer	Author
2	Year	Year	Year
3	Title	Title	Title
4	Secondary Author	Series Editor	Editor
5	Secondary Title	Series Title	Conference Name
6	Place Published	Place Published	Conference Location
7	Publisher	Publisher	Publisher
8	Volume	Edition	Volume
9	Number of Volumes		
10	Number		Issue
11	Pages	Description	Pages
12	Section		

	Generic	Computer Program	Conference Paper
13	Tertiary Author		
14	Tertiary Title		
15	Edition	Version	
16	Date		Date
17	Type of Work	Type	Type
18	Subsidiary Author		
19	Short Title	Short Title	
20	Alternate Title	Alternate Title	
21	ISBN/ISSN	ISBN	
22	DOI	DOI	DOI
23	Original Publication	Contents	
24	Reprint Edition		
25	Reviewed Item		
26	Custom 1	Computer	Place Published
27	Custom 2		
28	Custom 3		
29	Custom 4		
30	Custom 5		
31	Custom 6		
32	Custom 7		
33	Custom 8		
34	Accession Number	Accession Number	Accession Number
35	Call Number	Call Number	
36	Label	Label	Label
37	Keywords	Keywords	Keywords
38	Abstract	Abstract	Abstract
39	Notes	Notes	Notes
40	Research Notes	Research Notes	Research Notes
41	URL	URL	URL
42	File Attachments	File Attachments	File Attachments
43	Author Address	Author Address	Author Address
44	Figure	Figure	Figure
45	Caption	Caption	Caption
46	Access Date	Access Date	Access Date
47	Translated Author	Translated Author	Translated Author
48	Translated Title	Translated Title	Translated Title
49	Name of Database	Name of Database	Name of Database
50	Database Provider	Database Provider	Database Provider
51	Language	Language	Language
52	Added to Library	Added to Library	Added to Library
53	Last Updated	Last Updated	Last Updated

	Generic	Conference Proceedings	Dataset	Dictionary
1	Author	Author	Investigators	Author
2	Year	Year of Conference	Year	Year
3	Title	Title	Title	Title
4	Secondary Author	Editor	Producer	Editor
5	Secondary Title	Conference Name		Dictionary Title
6	Place Published	Conference Location	Place Published	Place Published
7	Publisher	Publisher	Distributor	Publisher
8	Volume	Volume		Volume
9	Number of Volumes	Number of Volumes	Study Number	Number of Volumes
10	Number	Issue		Number
11	Pages	Pages		Pages
12	Section		Original Release Date	Version
13	Tertiary Author	Series Editor		
14	Tertiary Title	Series Title	Series Title	
15	Edition	Edition	Version	Edition
16	Date	Date	Date of Collection	

第16章 設定，ツールバー，ファイルメニュー

	Generic	Conference Proceedings	Dataset	Dictionary
17	Type of Work			Type of Work
18	Subsidiary Author	Sponsor	Funding Agency	Translator
19	Short Title	Short Title	Short Title	Short Title
20	Alternate Title		Abbreviation	Abbreviation
21	ISBN/ISSN	ISBN	ISSN	ISBN
22	DOI	DOI	DOI	DOI
23	Original Publication	Source	Version History	Original Publication
24	Reprint Edition			Reprint Edition
25	Reviewed Item		Geographic Coverage	Reviewed Item
26	Custom 1	Place Published	Time Period	Term
27	Custom 2	Year Published	Unit of Observation	
28	Custom 3	Proceedings Title	Data Type	
29	Custom 4		Dataset(s)	
30	Custom 5	Packaging Method		
31	Custom 6			
32	Custom 7			
33	Custom 8			
34	Accession Number	Accession Number	Accession Number	Accession Number
35	Call Number	Call Number	Call Number	Call Number
36	Label	Label	Label	Label
37	Keywords	Keywords	Keywords	Keywords
38	Abstract	Abstract	Abstract	Abstract
39	Notes	Notes	Notes	Notes
40	Research Notes	Research Notes	Research Notes	Research Notes
41	URL	URL	URL	URL
42	File Attachments	File Attachments	File Attachments	File Attachments
43	Author Address	Author Address	Author Address	Author Address
44	Figure	Figure	Figure	Figure
45	Caption	Caption	Caption	Caption
46	Access Date	Access Date	Access Date	Access Date
47	Translated Author	Translated Author	Translated Author	Translated Author
48	Translated Title	Translated Title	Translated Title	Translated Title
49	Name of Database	Name of Database	Name of Database	Name of Database
50	Database Provider	Database Provider	Database Provider	Database Provider
51	Language	Language	Language	Language
52	Added to Library	Added to Library	Added to Library	Added to Library
53	Last Updated	Last Updated	Last Updated	Last Updated

	Generic	Edited Book	Electronic Article
1	Author	Editor	Author
2	Year	Year	Year
3	Title	Title	Title
4	Secondary Author	Series Editor	
5	Secondary Title	Series Title	Periodical Title
6	Place Published	Place Published	Place Published
7	Publisher	Publisher	Publisher
8	Volume	Volume	Volume
9	Number of Volumes	Number of Volumes	Document Number
10	Number	Series Volume	Issue
11	Pages	Number of Pages	Pages
12	Section		E-Pub Date
13	Tertiary Author		
14	Tertiary Title		Website Title
15	Edition	Edition	Edition
16	Date	Date	Date Accessed
17	Type of Work	Type of Work	Type of Work
18	Subsidiary Author	Translator	
19	Short Title	Short Title	Short Title
20	Alternate Title	Alternate Title	Alternate Title

	Generic	Edited Book	Electronic Article
21	ISBN/ISSN	ISBN	ISBN
22	DOI	DOI	DOI
23	Original Publication	Original Publication	
24	Reprint Edition	Reprint Edition	Reprint Edition
25	Reviewed Item		Reviewed Item
26	Custom 1		Year Cited
27	Custom 2		Date Cited
28	Custom 3		PMCID
29	Custom 4		Reviewer
30	Custom 5		Issue Title
31	Custom 6		NIHMSID
32	Custom 7		Article Number
33	Custom 8		
34	Accession Number	Accession Number	Accession Number
35	Call Number	Call Number	
36	Label	Label	Label
37	Keywords	Keywords	Keywords
38	Abstract	Abstract	Abstract
39	Notes	Notes	Notes
40	Research Notes	Research Notes	Research Notes
41	URL	URL	URL
42	File Attachments	File Attachments	File Attachments
43	Author Address	Editor Address	Editor Address
44	Figure	Figure	Figure
45	Caption	Caption	Caption
46	Access Date	Access Date	
47	Translated Author	Translated Author	Translated Author
48	Translated Title	Translated Title	Translated Title
49	Name of Database	Name of Database	Name of Database
50	Database Provider	Database Provider	Database Provider
51	Language	Language	Language
52	Added to Library	Added to Library	Added to Library
53	Last Updated	Last Updated	Last Updated

	Generic	Electronic Book	Electronic Book Section	Encyclopedia
1	Author	Author	Author	Author
2	Year	Year	Year	Year
3	Title	Title	Title	Title
4	Secondary Author	Editor	Editor	Editor
5	Secondary Title	Secondary Title	City	Encyclopedia Title
6	Place Published	Place Published	Place Published	Place Published
7	Publisher	Publisher	Publisher	Publisher
8	Volume	Volume	Volume	Volume
9	Number of Volumes	Version	Number of Volumes	Number of Volumes
10	Number		Chapter	
11	Pages	Number of Pages	Pages	Pages
12	Section			
13	Tertiary Author	Series Editor	Series Editor	
14	Tertiary Title	Series Title	Series Title	
15	Edition	Edition	Edition	Edition
16	Date	Date Accessed	Date	Date
17	Type of Work	Type of Medium	Type of Work	
18	Subsidiary Author		Translator	Translator
19	Short Title		Short Title	Short Title
20	Alternate Title			Abbreviation
21	ISBN/ISSN	ISBN	ISBN	ISBN
22	DOI	DOI	DOI	DOI
23	Original Publication	Original Publication	Original Publication	Original Publication
24	Reprint Edition	Reprint Edition	Reprint Edition	Reprint Edition

	Generic	Electronic Book	Electronic Book Section	Encyclopedia
25	Reviewed Item	Reviewed Item	Reviewed Item	Reviewed Item
26	Custom 1	Year Cited	Section	Term
27	Custom 2	Date Cited		
28	Custom 3	Title Prefix	Title Prefix	
29	Custom 4	Reviewer	Reviewer	
30	Custom 5	Last Update Date	Packaging Method	
31	Custom 6	NIHMSID	NIHMSID	
32	Custom 7	PMCID	PMCID	
33	Custom 8			
34	Accession Number	Accession Number	Accession Number	Accession Number
35	Call Number	Call Number	Call Number	Call Number
36	Label	Label	Label	Label
37	Keywords	Keywords	Keywords	Keywords
38	Abstract	Abstract	Abstract	Abstract
39	Notes	Notes	Notes	Notes
40	Research Notes	Research Notes	Research Notes	Research Notes
41	URL	URL	URL	URL
42	File Attachments	File Attachments	File Attachments	File Attachments
43	Author Address	Author Address	Author Address	Author Address
44	Figure	Figure	Figure	Figure
45	Caption	Caption	Caption	Caption
46	Access Date		Access Date	Access Date
47	Translated Author	Translated Author	Translated Author	Translated Author
48	Translated Title	Translated Title	Translated Title	Translated Title
49	Name of Database	Name of Database	Name of Database	Name of Database
50	Database Provider	Database Provider	Database Provider	Database Provider
51	Language	Language	Language	Language
52	Added to Library	Added to Library	Added to Library	Added to Library
53	Last Updated	Last Updated	Last Updated	Last Updated

	Generic	Equation	Figure
1	Author	Created By	Created By
2	Year	Year	Year
3	Title	Title	Title
4	Secondary Author	Name of File	Name of File
5	Secondary Title	Image Source Program	Image Source Program
6	Place Published	Place Published	Place Published
7	Publisher	Publisher	Publisher
8	Volume	Image Size	Image Size
9	Number of Volumes		
10	Number	Number	Number
11	Pages	Description	Description
12	Section		
13	Tertiary Author		
14	Tertiary Title		
15	Edition	Version	Version
16	Date	Date	Date
17	Type of Work	Type of Image	Type of Image
18	Subsidiary Author		
19	Short Title		
20	Alternate Title		
21	ISBN/ISSN		
22	DOI	DOI	DOI
23	Original Publication		
24	Reprint Edition		
25	Reviewed Item		
26	Custom 1		
27	Custom 2		
28	Custom 3		

	Generic	Equation	Figure
29	Custom 4		
30	Custom 5		
31	Custom 6		
32	Custom 7		
33	Custom 8		
34	Accession Number	Accession Number	Accession Number
35	Call Number	Call Number	Call Number
36	Label	Label	Label
37	Keywords	Keywords	Keywords
38	Abstract	Abstract	Abstract
39	Notes	Notes	Notes
40	Research Notes	Research Notes	Research Notes
41	URL	URL	URL
42	File Attachments	File Attachments	File Attachments
43	Author Address	Author Address	Author Address
44	Figure	Figure	Figure
45	Caption	Caption	Caption
46	Access Date	Access Date	Access Date
47	Translated Author	Translated Author	Translated Author
48	Translated Title	Translated Title	Translated Title
49	Name of Database	Name of Database	Name of Database
50	Database Provider	Database Provider	Database Provider
51	Language	Language	Language
52	Added to Library	Added to Library	Added to Library
53	Last Updated	Last Updated	Last Updated

	Generic	Film or Broadcast	Government Document
1	Author	Director	Author
2	Year	Year Released	Year
3	Title	Title	Title
4	Secondary Author	Series Director	Department
5	Secondary Title	Series Title	
6	Place Published	Place Published	Place Published
7	Publisher	Distributor	Publisher
8	Volume		Volume
9	Number of Volumes		
10	Number		Issue
11	Pages	Running Time	Pages
12	Section		Section
13	Tertiary Author	Producer	
14	Tertiary Title	Series Title	Series Title
15	Edition	Edition	Edition
16	Date	Date Released	
17	Type of Work	Medium	
18	Subsidiary Author	Performers	
19	Short Title	Short Title	
20	Alternate Title	Alternate Title	
21	ISBN/ISSN		Report Number
22	DOI	DOI	DOI
23	Original Publication		
24	Reprint Edition	Reprint Edition	
25	Reviewed Item		
26	Custom 1	Cast	Government Body
27	Custom 2	Credits	Congress Number
28	Custom 3		Congress Session
29	Custom 4	Genre	
30	Custom 5	Format	
31	Custom 6		
32	Custom 7		

	Generic	Film or Broadcast	Government Document
33	Custom 8		
34	Accession Number	Accession Number	Accession Number
35	Call Number	Call Number	
36	Label	Label	Label
37	Keywords	Keywords	Keywords
38	Abstract	Abstract	Synopsis
39	Notes	Notes	Notes
40	Research Notes	Research Notes	Research Notes
41	URL	URL	URL
42	File Attachments	File Attachments	File Attachments
43	Author Address	Author Address	Author Address
44	Figure	Figure	Figure
45	Caption	Caption	Caption
46	Access Date	Access Date	Access Date
47	Translated Author	Translated Author	Translated Author
48	Translated Title	Translated Title	Translated Title
49	Name of Database	Name of Database	Name of Database
50	Database Provider	Database Provider	Database Provider
51	Language	Language	Language
52	Added to Library	Added to Library	Added to Library
53	Last Updated	Last Updated	Last Updated

	Generic	Grant	Hearing
1	Author	Investigators	
2	Year	Year	Year
3	Title	Title of Grant	Title
4	Secondary Author		
5	Secondary Title		Committee
6	Place Published	Activity Location	Place Published
7	Publisher	Sponsoring Agency	Publisher
8	Volume	Amount Requested	
9	Number of Volumes	Amount Received	Number of Volumes
10	Number	Status	Document Number
11	Pages	Pages	Pages
12	Section	Duration of Grant	
13	Tertiary Author		
14	Tertiary Title		Legislative Body
15	Edition	Requirements	Session
16	Date	Deadline	Date
17	Type of Work	Funding Type	
18	Subsidiary Author	Translator	
19	Short Title	Short Title	Short Title
20	Alternate Title	Abbreviation	
21	ISBN/ISSN		ISBN
22	DOI	DOI	DOI
23	Original Publication	Original Grant Number	History
24	Reprint Edition	Review Date	
25	Reviewed Item	Reviewed Item	
26	Custom 1	Contact Name	
27	Custom 2	Contact Address	Congress Number
28	Custom 3	Contact Phone	
29	Custom 4	Contact Fax	
30	Custom 5	Funding Number	
31	Custom 6	CFDA Number	
32	Custom 7		
33	Custom 8		
34	Accession Number	Accession Number	Accession Number
35	Call Number	Call Number	Call Number
36	Label	Label	Label

	Generic	Grant	Hearing
37	Keywords	Keywords	Keywords
38	Abstract	Abstract	Abstract
39	Notes	Notes	Notes
40	Research Notes	Research Notes	Research Notes
41	URL	URL	URL
42	File Attachments	File Attachments	File Attachments
43	Author Address	Author Address	Author Address
44	Figure	Figure	Figure
45	Caption	Caption	Caption
46	Access Date	Access Date	Access Date
47	Translated Author	Translated Author	Translated Author
48	Translated Title	Translated Title	Translated Title
49	Name of Database	Name of Database	Name of Database
50	Database Provider	Database Provider	Database Provider
51	Language	Language	Language
52	Added to Library	Added to Library	Added to Library
53	Last Updated	Last Updated	Last Updated

	Generic	Journal Article	Legal Rule or Regulation
1	Author	Author	Author
2	Year	Year	Year
3	Title	Title	Title
4	Secondary Author		Issuing Organization
5	Secondary Title	Journal	Title Number
6	Place Published		Place Published
7	Publisher		Publisher
8	Volume	Volume	Rule Number
9	Number of Volumes		Session Number
10	Number	Issue	Start Page
11	Pages	Pages	Pages
12	Section	Start Page	Section Number
13	Tertiary Author		
14	Tertiary Title		Supplement No.
15	Edition	Epub Date	Edition
16	Date	Date	Date of Code Edition
17	Type of Work	Type of Article	Type of Work
18	Subsidiary Author		
19	Short Title	Short Title	
20	Alternate Title	Alternate Journal	Abbreviation
21	ISBN/ISSN	ISSN	Document Number
22	DOI	DOI	DOI
23	Original Publication	Original Publication	History
24	Reprint Edition	Reprint Edition	
25	Reviewed Item	Reviewed Item	
26	Custom 1	Legal Note	
27	Custom 2	PMCID	
28	Custom 3		
29	Custom 4		
30	Custom 5		
31	Custom 6	NIHMSID	
32	Custom 7	Article Number	
33	Custom 8		
34	Accession Number	Accession Number	Accession Number
35	Call Number	Call Number	Call Number
36	Label	Label	Label
37	Keywords	Keywords	Keywords
38	Abstract	Abstract	Abstract
39	Notes	Notes	Notes
40	Research Notes	Research Notes	Research Notes

第16章 設定，ツールバー，ファイルメニュー

	Generic	Journal Article	Legal Rule or Regulation
41	URL	URL	URL
42	File Attachments	File Attachments	File Attachments
43	Author Address	Author Address	Author Address
44	Figure	Figure	Figure
45	Caption	Caption	Caption
46	Access Date	Access Date	Access Date
47	Translated Author	Translated Author	Translated Author
48	Translated Title	Translated Title	Translated Title
49	Name of Database	Name of Database	Name of Database
50	Database Provider	Database Provider	Database Provider
51	Language	Language	Language
52	Added to Library	Added to Library	Added to Library
53	Last Updated	Last Updated	Last Updated

	Generic	Magazine Article	Manuscript
1	Author	Author	Author
2	Year	Year	Year
3	Title	Title	Title
4	Secondary Author		
5	Secondary Title	Magazine	Collection Title
6	Place Published	Place Published	Place Published
7	Publisher	Publisher	Library/Archive
8	Volume	Volume	Volume/Storage Container
9	Number of Volumes	Frequency	Manuscript Number
10	Number	Issue Number	Folio Number
11	Pages	Pages	Pages
12	Section	Start Page	Start Page
13	Tertiary Author		
14	Tertiary Title		
15	Edition	Edition	Description of Material
16	Date	Date	Date
17	Type of Work	Type of Article	Type of Work
18	Subsidiary Author		
19	Short Title	Short Title	Short Title
20	Alternate Title	Alternate Magazine	Abbreviation
21	ISBN/ISSN	ISSN	
22	DOI	DOI	DOI
23	Original Publication	Original Publication	
24	Reprint Edition	Reprint Edition	
25	Reviewed Item	Reviewed Item	
26	Custom 1		
27	Custom 2		
28	Custom 3		
29	Custom 4		
30	Custom 5		
31	Custom 6		
32	Custom 7		
33	Custom 8		
34	Accession Number	Accession Number	Accession Number
35	Call Number	Call Number	Call Number
36	Label	Label	Label
37	Keywords	Keywords	Keywords
38	Abstract	Abstract	Abstract
39	Notes	Notes	Notes
40	Research Notes	Research Notes	Research Notes
41	URL	URL	URL
42	File Attachments	File Attachments	File Attachments
43	Author Address	Author Address	Author Address
44	Figure	Figure	Figure

	Generic	Magazine Article	Manuscript
45	Caption	Caption	Caption
46	Access Date	Access Date	Access Date
47	Translated Author	Translated Author	Translated Author
48	Translated Title	Translated Title	Translated Title
49	Name of Database	Name of Database	Name of Database
50	Database Provider	Database Provider	Database Provider
51	Language	Language	Language
52	Added to Library	Added to Library	Added to Library
53	Last Updated	Last Updated	Last Updated

	Generic	Map	Music	Newspaper Article
1	Author	Cartographer	Composer	Reporter
2	Year	Year	Year	Year
3	Title	Title	Title	Title
4	Secondary Author	Series Editor	Editor	
5	Secondary Title	Series Title	Album Title	Newspaper
6	Place Published	Place Published	Place Published	Place Published
7	Publisher	Publisher	Publisher	Publisher
8	Volume		Volume	Volume
9	Number of Volumes		Number of Volumes	Frequency
10	Number			Start Page
11	Pages	Description	Pages	Pages
12	Section		Section	Section
13	Tertiary Author		Series Editor	
14	Tertiary Title		Series Title	
15	Edition	Edition	Edition	Edition
16	Date	Date	Date	Issue Date
17	Type of Work	Type	Form of Item	Type of Article
18	Subsidiary Author		Producer	
19	Short Title	Short Title	Short Title	Short Title
20	Alternate Title	Abbreviation		
21	ISBN/ISSN	ISBN	ISBN	ISSN
22	DOI	DOI	DOI	DOI
23	Original Publication		Original Publication	Original Publication
24	Reprint Edition	Reprint Edition	Reprint Edition	Reprint Edition
25	Reviewed Item			Reviewed Item
26	Custom 1	Scale	Format of Music	Column
27	Custom 2	Area	Form of Composition	Issue
28	Custom 3	Size	Music Parts	
29	Custom 4		Target Audience	
30	Custom 5	Packaging Method	Accompanying Matter	
31	Custom 6			
32	Custom 7			
33	Custom 8			
34	Accession Number	Accession Number	Accession Number	Accession Number
35	Call Number	Call Number	Call Number	Call Number
36	Label	Label	Label	Label
37	Keywords	Keywords	Keywords	Keywords
38	Abstract	Abstract	Abstract	Abstract
39	Notes	Notes	Notes	Notes
40	Research Notes	Research Notes	Research Notes	Research Notes
41	URL	URL	URL	URL
42	File Attachments	File Attachments	File Attachments	File Attachments
43	Author Address	Author Address	Author Address	Author Address
44	Figure	Figure	Figure	Figure
45	Caption	Caption	Caption	Caption
46	Access Date	Access Date	Access Date	Access Date
47	Translated Author	Translated Author	Translated Author	Translated Author
48	Translated Title	Translated Title	Translated Title	Translated Title

	Generic	Map	Music	Newspaper Article
49	Name of Database	Name of Database	Name of Database	Name of Database
50	Database Provider	Database Provider	Database Provider	Database Provider
51	Language	Language	Language	Language
52	Added to Library	Added to Library	Added to Library	Added to Library
53	Last Updated	Last Updated	Last Updated	Last Updated

	Generic	Online Database	Online Multimedia
1	Author	Author	Created By
2	Year	Year	Year
3	Title	Title	Title
4	Secondary Author		Series Editor
5	Secondary Title	Periodical	Series Title
6	Place Published	Place Published	
7	Publisher	Publisher	Distributor
8	Volume	Volume	
9	Number of Volumes		
10	Number		Number of Screens
11	Pages	Pages	
12	Section		
13	Tertiary Author		
14	Tertiary Title		
15	Edition	Date Published	
16	Date	Date Accessed	Date Accessed
17	Type of Work	Type of Work	Type of Work
18	Subsidiary Author		
19	Short Title	Short Title	
20	Alternate Title		
21	ISBN/ISSN	Report Number	
22	DOI	DOI	DOI
23	Original Publication		
24	Reprint Edition		
25	Reviewed Item		
26	Custom 1		Year Cited
27	Custom 2		Date Cited
28	Custom 3		
29	Custom 4		
30	Custom 5		Format/Length
31	Custom 6		
32	Custom 7		
33	Custom 8		
34	Accession Number	Accession Number	Accession Number
35	Call Number		
36	Label	Label	Label
37	Keywords	Keywords	Keywords
38	Abstract	Abstract	Abstract
39	Notes	Notes	Notes
40	Research Notes	Research Notes	Research Notes
41	URL	URL	URL
42	File Attachments	File Attachments	File Attachments
43	Author Address	Author Address	Author Address
44	Figure	Figure	Figure
45	Caption	Caption	Caption
46	Access Date		
47	Translated Author	Translated Author	Translated Author
48	Translated Title	Translated Title	Translated Title
49	Name of Database	Name of Database	Name of Database
50	Database Provider	Database Provider	Database Provider
51	Language	Language	Language
52	Added to Library	Added to Library	Added to Library

	Generic	Online Database	Online Multimedia
53	Last Updated	Last Updated	Last Updated

	Generic	Pamphlet	Patent
1	Author	Author	Inventor
2	Year	Year	Year
3	Title	Title	Title
4	Secondary Author	Institution	Issuing Organization
5	Secondary Title	Published Source	Published Source
6	Place Published	Place Published	Country
7	Publisher	Publisher	Assignee
8	Volume	Number	Patent Version Number
9	Number of Volumes		US Patent Classification
10	Number	Series Volume	Application Number
11	Pages	Number of Pages	Pages
12	Section	Pages	International Patent Number
13	Tertiary Author		International Title
14	Tertiary Title		International Author
15	Edition	Edition	International Patent Classification
16	Date	Date	Date
17	Type of Work	Type of Work	Patent Type
18	Subsidiary Author	Translator	
19	Short Title	Short Title	Short Title
20	Alternate Title	Abbreviation	
21	ISBN/ISSN	ISBN	Patent Number
22	DOI	DOI	DOI
23	Original Publication	Original Publication	Priority Numbers
24	Reprint Edition	Reprint Edition	
25	Reviewed Item		
26	Custom 1		
27	Custom 2		Issue Date
28	Custom 3		Designated States
29	Custom 4		Attorney/Agent
30	Custom 5	Packaging Method	References
31	Custom 6		Legal Status
32	Custom 7		
33	Custom 8		
34	Accession Number	Accession Number	Accession Number
35	Call Number	Call Number	Call Number
36	Label	Label	Label
37	Keywords	Keywords	Keywords
38	Abstract	Abstract	Abstract
39	Notes	Notes	Notes
40	Research Notes	Research Notes	Research Notes
41	URL	URL	URL
42	File Attachments	File Attachments	File Attachments
43	Author Address	Author Address	Inventor Address
44	Figure	Figure	Figure
45	Caption	Caption	Caption
46	Access Date	Access Date	Access Date
47	Translated Author	Translated Author	Translated Author
48	Translated Title	Translated Title	Translated Title
49	Name of Database	Name of Database	Name of Database
50	Database Provider	Database Provider	Database Provider
51	Language	Language	Language
52	Added to Library	Added to Library	Added to Library
53	Last Updated	Last Updated	Last Updated

239

	Generic	Personal Communication	Report
1	Author	Author	Author
2	Year	Year	Year
3	Title	Title	Title
4	Secondary Author	Recipient	Series Editor
5	Secondary Title		Series Title
6	Place Published	Place Published	Place Published
7	Publisher	Publisher	Institution
8	Volume		Volume
9	Number of Volumes	Communication Number	Series Volume
10	Number	Folio Number	Document Number
11	Pages	Pages	Pages
12	Section		
13	Tertiary Author		Publisher
14	Tertiary Title		
15	Edition	Description	Edition
16	Date	Date	Date
17	Type of Work	Type	Type
18	Subsidiary Author		Department/Division
19	Short Title	Short Title	Short Title
20	Alternate Title	Abbreviation	Alternate Title
21	ISBN/ISSN		Report Number
22	DOI	DOI	DOI
23	Original Publication		Contents
24	Reprint Edition		
25	Reviewed Item		
26	Custom 1	Senders E-Mail	
27	Custom 2	Recipients E-Mail	
28	Custom 3		
29	Custom 4		
30	Custom 5		Issue
31	Custom 6		
32	Custom 7		
33	Custom 8		
34	Accession Number	Accession Number	Accession Number
35	Call Number	Call Number	Call Number
36	Label	Label	Label
37	Keywords	Keywords	Keywords
38	Abstract	Abstract	Abstract
39	Notes	Notes	Notes
40	Research Notes	Research Notes	Research Notes
41	URL	URL	URL
42	File Attachments	File Attachments	File Attachments
43	Author Address	Author Address	Author Address
44	Figure	Figure	Figure
45	Caption	Caption	Caption
46	Access Date	Access Date	Access Date
47	Translated Author	Translated Author	Translated Author
48	Translated Title	Translated Title	Translated Title
49	Name of Database	Name of Database	Name of Database
50	Database Provider	Database Provider	Database Provider
51	Language	Language	Language
52	Added to Library	Added to Library	Added to Library
53	Last Updated	Last Updated	Last Updated

	Generic	Serial	Standard
1	Author	Author	Institution
2	Year	Year	Year
3	Title	Title	Title
4	Secondary Author	Editor	

	Generic	Serial	Standard
5	Secondary Title	Secondary Title	Section Title
6	Place Published	Place Published	Place Published
7	Publisher	Publisher	Publisher
8	Volume	Volume	Rule Number
9	Number of Volumes	Number of Volumes	Session Number
10	Number	Series Volume	Start Page
11	Pages	Pages	Pages
12	Section	Chapter	Section Number
13	Tertiary Author	Series Editor	
14	Tertiary Title	Series Title	Paper Number
15	Edition	Edition	
16	Date	Date	Date
17	Type of Work	Type of Work	Type of Work
18	Subsidiary Author	Volume Editor	
19	Short Title	Short Title	
20	Alternate Title	Abbreviation	Abbreviation
21	ISBN/ISSN	ISBN	Document Number
22	DOI	DOI	DOI
23	Original Publication	Original Publication	
24	Reprint Edition	Reprint Edition	
25	Reviewed Item	Reviewed Item	
26	Custom 1	Section	
27	Custom 2	Report Number	
28	Custom 3		
29	Custom 4		
30	Custom 5	Packaging Method	
31	Custom 6		
32	Custom 7		
33	Custom 8		
34	Accession Number	Accession Number	Accession Number
35	Call Number	Call Number	Call Number
36	Label	Label	Label
37	Keywords	Keywords	Keywords
38	Abstract	Abstract	Abstract
39	Notes	Notes	Notes
40	Research Notes	Research Notes	Research Notes
41	URL	URL	URL
42	File Attachments	File Attachments	File Attachments
43	Author Address	Author Address	Author Address
44	Figure	Figure	Figure
45	Caption	Caption	Caption
46	Access Date	Access Date	Access Date
47	Translated Author	Translated Author	Translated Author
48	Translated Title	Translated Title	Translated Title
49	Name of Database	Name of Database	Name of Database
50	Database Provider	Database Provider	Database Provider
51	Language	Language	Language
52	Added to Library	Added to Library	Added to Library
53	Last Updated	Last Updated	Last Updated

	Generic	Statute	Thesis
1	Author		Author
2	Year	Year	Year
3	Title	Name of Act	Title
4	Secondary Author		
5	Secondary Title	Code	Academic Department
6	Place Published	Country	Place Published
7	Publisher	Source	University
8	Volume	Code Number	Degree

	Generic	Statute	Thesis
9	Number of Volumes	Statute Number	
10	Number	Public Law Number	Document Number
11	Pages	Pages	Number of Pages
12	Section	Sections	
13	Tertiary Author		Advisor
14	Tertiary Title	International Source	
15	Edition	Session	
16	Date	Date Enacted	Date
17	Type of Work		Thesis Type
18	Subsidiary Author		
19	Short Title	Short Title	Short Title
20	Alternate Title	Abbreviation	
21	ISBN/ISSN		
22	DOI	DOI	DOI
23	Original Publication	History	
24	Reprint Edition		
25	Reviewed Item	Article Number	
26	Custom 1		
27	Custom 2		
28	Custom 3		
29	Custom 4	Publisher	
30	Custom 5	Volume	
31	Custom 6		
32	Custom 7		
33	Custom 8		
34	Accession Number	Accession Number	Accession Number
35	Call Number	Call Number	Call Number
36	Label	Label	Label
37	Keywords	Keywords	Keywords
38	Abstract	Abstract	Abstract
39	Notes	Notes	Notes
40	Research Notes	Research Notes	Research Notes
41	URL	URL	URL
42	File Attachments	File Attachments	File Attachments
43	Author Address	Author Address	Author Address
44	Figure	Figure	Figure
45	Caption	Caption	Caption
46	Access Date	Access Date	Access Date
47	Translated Author	Translated Author	Translated Author
48	Translated Title	Translated Title	Translated Title
49	Name of Database	Name of Database	Name of Database
50	Database Provider	Database Provider	Database Provider
51	Language	Language	Language
52	Added to Library	Added to Library	Added to Library
53	Last Updated	Last Updated	Last Updated

	Generic	Unpublished Work	Web Page
1	Author	Author	Author
2	Year	Year	Year
3	Title	Title of Work	Title
4	Secondary Author	Series Editor	Series Editor
5	Secondary Title	Series Title	Series Title
6	Place Published	Place Published	Place Published
7	Publisher	Institution	Publisher
8	Volume		Access Year
9	Number of Volumes		
10	Number	Number	Access Date
11	Pages	Pages	Description
12	Section		

	Generic	Unpublished Work	Web Page
13	Tertiary Author		
14	Tertiary Title	Department	
15	Edition		Edition
16	Date	Date	Last Update Date
17	Type of Work	Type of Work	Type of Medium
18	Subsidiary Author		
19	Short Title	Short Title	Short Title
20	Alternate Title	Abbreviation	Alternate Title
21	ISBN/ISSN		ISBN
22	DOI	DOI	DOI
23	Original Publication		Contents
24	Reprint Edition		
25	Reviewed Item		
26	Custom 1		Year Cited
27	Custom 2		Date Cited
28	Custom 3		
29	Custom 4		
30	Custom 5		
31	Custom 6		
32	Custom 7		
33	Custom 8		
34	Accession Number		Accession Number
35	Call Number		Call Number
36	Label	Label	Label
37	Keywords	Keywords	Keywords
38	Abstract	Abstract	Abstract
39	Notes	Notes	Notes
40	Research Notes	Research Notes	Research Notes
41	URL	URL	URL
42	File Attachments	File Attachments	File Attachments
43	Author Address	Author Address	Author Address
44	Figure	Figure	Figure
45	Caption	Caption	Caption
46	Access Date	Access Date	
47	Translated Author	Translated Author	Translated Author
48	Translated Title	Translated Title	Translated Title
49	Name of Database	Name of Database	Name of Database
50	Database Provider	Database Provider	Database Provider
51	Language	Language	Language
52	Added to Library	Added to Library	Added to Library
53	Last Updated	Last Updated	Last Updated

	Generic	Unused 1	Unused 2	Unused 3
1	Author			
2	Year			
3	Title			
4	Secondary Author			
5	Secondary Title			
6	Place Published			
7	Publisher			
8	Volume			
9	Number of Volumes			
10	Number			
11	Pages			
12	Section			
13	Tertiary Author			
14	Tertiary Title			
15	Edition			
16	Date			

第16章 設定，ツールバー，ファイルメニュー

	Generic	Unused 1	Unused 2	Unused 3
17	Type of Work			
18	Subsidiary Author			
19	Short Title			
20	Alternate Title			
21	ISBN/ISSN			
22	DOI			
23	Original Publication			
24	Reprint Edition			
25	Reviewed Item			
26	Custom 1			
27	Custom 2			
28	Custom 3			
29	Custom 4			
30	Custom 5			
31	Custom 6			
32	Custom 7			
33	Accession Number			
34	Call Number			
35	Label			
36	Keywords			
37	Abstract			
38	Notes			
39	Research Notes			
40	URL			
41	File Attachments			
42	Author Address			
43	Figure			
44	Caption			
45	Access Date			
46	Custom 8			
47	Translated Author			
48	Translated Title			
49	Name of Database			
50	Database Provider			
51	Language			
52	Added to Library			
53	Last Updated			

参考文献

1) 多田羅勝義，讃岐美智義，伊藤勝：EndNotePlus 活用マニュアル．1996　東京，BNN
2) 諏訪邦夫：文献検索と整理　パソコンとインターネットをどう利用するか．2002　東京，克誠堂出版
3) EndNote マニュアル Version 5 〜 Version X8
4) 讃岐美智義：超！文献管理ソリューション．2011　東京，学研メディカル秀潤社

2017年4月現在

EndNote，EndNote basic 比較表

ユサコ株式会社

	デスクトップ	オンライン	旧EndNote Web WoS導入機関向け EndNote basic	無償 EndNote basic
形態	ソフトウェア	Webサービス		
最新バージョン	EndNote X8 (18)	随時更新		
利用期間	期限なし	登録後2年間	最後に機関内IPアドレス経由でログイン後1年間	期限なし
利用方法				
価格	有償	デスクトップ版に付属	無償	
データの保存場所	個人PC	開発元サーバー		
利用するには	購入	デスクトップ版からユーザー登録	Webでユーザー登録（WoS導入機関内）	Webでユーザー登録
論文作成の支援機能				
ドラッグ＆ドロップでの引用	◎	×		
使用可能なスタイル数	◎約7,000種以上	○約3,300種以上		△21種類
スタイルの追加・編集	◎	×	△（編集は不可。追加は管理者のみ可）	×
参考文献リストの雑誌名出力制御（フル，省略形ピリオド有無）	◎	×		
収録レコード件数	制限なし（推奨10万件）	制限なし（推奨10万件）	50,000件	
文献データの取込み				
ダイレクトインポートのデータベース数	700種以上	700種以上		100種以上
外部データベースのオンラインサーチ	6,000種以上	1,800種以上		6種
PDFからの書誌データ作成	◎（要DOI）			
PDFやファイルの管理				
ファイルの容量	◎（制限なし。圧縮時4GB未満推奨）	◎制限なし	△（2GBまで）	
書誌データからPDF自動ダウンロード	◎	×		
添付したPDF本文の横断検索	◎	×		
添付したPDFのリネーム	◎	×		
ユーザー間での共有				
データの共有	◎100名まで共有可		○グループ単位の共有可能（※添付ファイルは除く）	
環境				
データの保存場所	個人PC（ローカル）	開発元サーバー		
オフライン作業	○	×		
処理速度	◎	△		
インターフェース	英語	日本語		
サポート				
国内サポート	国内総代理店ユサコ		Clarivate Analytics	

※ WoSはWeb of Scienceの略称で，Clarivate Analyticsが提供するサービスです。

INDEX

数字
- 128 ANSIコード ... 52

A
- Abstract ... 49
- Add-in 連動 ... 79, 116
- Advanced ... 146
- Advanced Search ... 158
- Article types ... 143
- Author ... 48

B
- BMP ... 180
- BOM ... 38, 85

C
- CiNii ... 56
- Citation Marker ... 84
- Cite While You Write (CWYW) ... 77, 116
- Clinical prediction guides ... 153
- Clinical Queries ... 152
- Clipboard ... 149
- Copy Formatted ... 76
- CWYWプラグイン ... 117, 119

D
- Diagnosis ... 153
- Dropbox ... 191

E
- EmEditor ... 86, 107
- EndNote ... 99, 104, 119, 120, 202
- EndNote basic ... X, 99
- EndNote.com ... 98
- EndNote for iPad ... 121
- EndNote for Macintosh ... 122
- EndNote Web ... 99, 104, 122
- EndNote for Windows ... 122
- EndNote X8 Add-in ... 78, 81
- EndNote 活用ガイド ... 98
- EndNote 関連ホームページ ... 98
- EndNote 登録ユーザー専用ページ ... 95
- EndNoteの機能 ... 3
- EndNoteの動作環境と制限 ... 4
- EndNoteの歴史 ... 3
- EndNoteへの取り込み ... 31
- Etiology ... 153
- Evernote ... 120
- Export ... 77
- Export Traveling Library ... 84

F
- Figureフィールド ... 180
- FileMaker Pro ... 194, 202
- Filters ... 143
- Format Paper ... 82, 114

G
- General Display Font ... 50
- GIF ... 180
- Google Chrome ... 100
- Google Scholar ... 41

H
- History ... 148

I
- Import Filters ... 96
- Index ... 147
- ISI Web of Knowledge ... 99

J
- JDream Ⅲ ... 170
- Jedit X ... 86, 107
- Journal ... 49
- Journal Article ... 46
- JPEG ... 180

K
- Keywords ... 197

M
- MEDLINE ... 21, 94, 136
- MEDLINE形式 ... 30, 39, 140
- MeSH Database ... 150
- MeSHサブヘディング ... 142
- MeSHデータベース ... 150
- Microsoft Edge ... 100
- Microsoft Excel ... 194, 202
- Microsoft Internet Explorer ... 100
- Microsoft Word ... 82, 114
- Mozilla Firefox ... 100
- My Groups ... 17, 40
- My NCBI ... 154
- my.endnote.com ... 99
- My医中誌 ... 43
- My医中誌機能 ... 165

N
- NCBI ... 136
- NII論文情報ナビゲータ ... 56
- NLM ... 136
- Notes ... 49, 197

O
- Online Search ... 17

P
- PDF ... 120, 126, 175, 180, 181
- PNG ... 180
- Preview ... 146
- Print Preview ... 77
- Prognosis ... 153
- Publication dates ... 143
- PubMed ... 22, 39, 106, 135, 136, 144, 197
- PubMedホームページ ... 27

R
- Refer/BibIX ... 37, 39
- Reference Type ... 46
- RTFファイル ... 83
- RTF形式 ... 114

S
- Safari ... 100
- Scope ... 153
- Sharing ... 189
- Single Citation Matcher ... 152
- SNS ... 171
- Species ... 143
- Style ... 88
- Styleの変更 ... 211

T
- Tab-Delimited ... 72
- Termリスト ... 48, 68, 74
- Therapy ... 153
- TIFF ... 180
- Title ... 49

U
- URL (Uniform Resource Locator) ... 49, 180
- URLのリンク ... 177
- UTF-8 ... 85, 107

V
- Vancouverスタイル ... 91
- Version 1 ... 3
- Version 2 ... 3
- Version 3 ... 3
- Version 4 ... 3
- Version 5 ... 3
- Version 6 ... 3
- Version 7 ... 3

INDEX

Version 8 ···················· 4
Version 9 ···················· 4
Version X ···················· 4
Version X1 ·················· 4
Version X2 ·················· 4
Version X3 ·················· 4
Version X4 ·················· 4
Version X5 ·················· 4
Version X6 ·················· 4
Version X7 ·················· 4
Version X8 ·················· 4

■W
Web of Knowledge ············ 99
webofknowledge.com ·········· 99
Webブラウザ ················· 99
Word ···················· 81, 117

■Y
Year ······················· 49

■あ
アクセス方法 ················ 136
アップグレード ··············· 5
尼子四郎 ··················· 169

■い
医学中央雑誌 ············ 34, 160
一時グループ ··········· 17, 24
一次情報 ····················· 2
医中誌Web ······ 34, 106, 108, 159, 160
医中誌パーソナルWeb ······ 34, 160
医中誌パーソナルWeb DDS ····· 40
インスタントフォーマット ····· 77
インストール ················ 12
インターネットサイト ······· 179
インデックス ··············· 147
インポート ············· 71, 201
インポートフィルタ ······ 87, 94
引用文献 ··············· 114, 116

■え
エクスポート ················ 73
エラー ···················· 201

■お
オートサジェスト ··········· 138
オプション ················· 103
オンライン検索サイト ······· 109
オンラインサーチ ············ 17

■か
カスタマイズ ··············· 203
カスタムグループ ······ 17, 24, 32
画像ファイル ··············· 180
仮引用 ····················· 79

■き
キーボードコマンド ··········· 50
キーワード ············ 136, 157
機種間およびバージョン間での互換性 ··· 8
起動方法 ···················· 16
旧EndNote Web ·············· 99
強制かかり記号 ············· 212
強制分離記号 ··············· 212
共有 ······················ 173

■く
組み合わせ検索 ············· 136
クリップボード ············· 149
グループ作成 ··············· 110

■け
研究カテゴリー ············· 153
検索結果の保存 ········ 37, 168
検索項目名 ················ 141
検索サイト ················ 185
検索式 ···················· 136
検索フィールド ············· 139
検索履歴 ·················· 148

■こ
構成 ······················ 103
コネクションファイル ··· 87, 97, 208
コミュニティー ·············· 9

■さ
作成しながら引用 ············· 77
参考文献 ···················· 79
参考文献スタイル ········ 87, 92
参考文献リスト ········· 75, 113

■し
自然語 ···················· 157
シソーラス ················ 160
自動作成 ·········· 75, 79, 114, 116
ジャーナル名 ··············· 49
種 ························ 143
収集 ······················ 103
出版年 ···················· 49
上級オプション ············· 203
詳細表示 ··················· 59
抄録 ······················· 49
ショートカット ············· 220
書誌事項 ·················· 183
書誌スタイル ··············· 115
新規ライブラリの作成 ········ 46
新規リファレンスの作成 ······ 46

■す
ストップワード ········ 136, 137
スペルチェック機能 ········· 206

■せ
生物医学雑誌への投稿のための統一規定 ··· 91
絶対リンク ················ 175
設定 ····················· 217
全文PDF ·············· 183, 186
全文検索 ···················· 2
全文テキストファイル ······· 181
全文文献 ·················· 120
全文文献のリンク ·········· 174

■そ
相対リンク ················ 175

■た
タイトル ··················· 49
ダイレクトエクスポート ···· 39, 108
タグ ················ 141, 164
タブ区切り ················· 72
タブ区切りテキスト ········· 198
タブ区切りファイル ···· 198, 201

■ち
注釈 ······················· 49
重複文献 ·············· 66, 111
直接検索 ··················· 22
著者名 ···················· 48

■つ
ツールバー ·········· 19, 217, 218
ツールボタン ··············· 19

■て
データ転送 ················ 104
データベースソフト ········· 198
データ変換 ················ 193
データライブラリ ·········· 173
データライブラリの共有 ····· 187
テキストエディタ ··········· 86
テキストファイル ··········· 86
デスクトップ版 ············· 99
添付PDF ·················· 127
添付ファイル ·············· 126

■と
問い合わせ先 ················ 9
統制語 ···················· 157
特殊フォーマット記号 ······· 211
特殊文字の入力 ············· 51
独立参考文献 ··············· 76
取り込み ··················· 39

■に
二次情報 ···················· 2
二重登録 ··················· 67
日本語対応 ················· 85

日本語の取り扱い･･････････････････････････8
日本語文献関連のフィルタ･･････････････95
日本語文献検索サイト･････････････････159
入力データの保存･･･････････････････････50

■ は
バックアップ･････････････････････････186
発行年･･････････････････････････････････143
発行分類･･･････････････････････････････143
半角スペース･････････････････････････211

■ ひ
秀丸エディタ･････････････････････86, 107

■ ふ
ファイルのバックアップ･････････････186
ファイル名･･････････････････18, 55, 214
ファイルメニュー･･････････････217, 219
フィールド名リスト･････････････････223
フィルタ･･･････････････････････････････206
フィルター機能･････････････････････････143
フォーマット･･･････････････････････････103
フォルダ名･･･････････････････････････････18
フォルダを共有･･･････････････････････112
フォントサイズ・スタイル････････････50
付加文字列･･･････････････････････････213
フルテキスト･･････････････････181, 185
プレビュー･･･････････････････････････146
文献移動･･････････････････････････････111
文献検索･･････････････････････････････････2
文献タイプ･･･････････････････････46, 223

文献種類･･････････････････････････････143
文献のコピー＆ペースト･･･････････････61
文献の削除･･･････････････････････････111
文献リストの簡易作成･･･････････････132
文献を集める･･･････････････････････････105

■ へ
米国国立医学図書館･････････････････136

■ ほ
保存の制限･･････････････････････････････8

■ ま
マイレファレンス･･･････････････････103

■ め
メール機能利用･･･････････････････････132
メディカルオンライン･････････････････40
メニューバー･･･････････････････････218

■ も
文字コード表･････････････････････････54
文字コードの入力･･･････････････････51
文字数･････････････････････････････････214
文字化け･･･････････････････････････････38

■ ゆ
ユーザー登録･････････････････････････14
ユーザー登録者専用ホームページ･･･9
ユサコ･････････････････････････････95, 98

■ よ
用語のコピー････････････････････････71
用語リスト･･･････････････････････････68

■ ら
ライブラリ･････････････････････････174
ライブラリ共有･･･････････････････189
ライブラリ画面･･････････16, 19, 204
ライブラリの管理････････････････････57
ライブラリの検索･･･････････････････62
ライブラリの作成････････････････････58
ライブラリの並べ替え･････････････65
ライブラリの保存場所････････････60
ライブラリを共有･････････････････215

■ り
リファレンス･･･････････････････････48
リファレンス画面･･････････････16, 20
リファレンスタイプ･･････････････223
リファレンスのコピー･････････32, 40
リンク･････････････････････････173, 179
臨床的検索････････････････････････152

■ れ
レコードをアップデート･･････････68

■ ろ
ログイン方法･････････････････････161

■ わ
ワイルドカード･･････････････････138

【著者略歴】

讃岐 美智義(さぬき みちよし)

1961 年	名古屋市で出生
1987 年	広島大学医学部卒業
	広島大学医学部附属病院麻酔科医員(研修医)
1990 年まで	JA 尾道総合病院麻酔科勤務
1994 年	広島大学大学院医学研究科修了 医学博士
1995 年まで	広島大学医学部附属病院手術部助手
2004 年まで	広島市立安佐市民病院麻酔・集中治療科部長
	医療情報室長(兼務)
2006 年から	東京女子医科大学麻酔科非常勤講師(現在)
2007 年まで	県立広島病院麻酔・集中治療科医長
2007 年から	広島大学病院麻酔科講師
主な著書:	「麻酔と救急のために第 9 版」(麻酔と蘇生編集部)
	「周術期モニタリング徹底ガイド」(羊土社)
	「デジタルプレゼンテーション」(学研メディカル秀潤社)
	「麻酔科研修チェックノート 改訂第 6 版」(羊土社)
	「やさしくわかる! 麻酔科研修」(学研メディカル秀潤社)
	「Dr. 讃岐流 気管挿管トレーニング」(学研メディカル秀潤社)

1995 年より msanuki.com
(麻酔科医の麻酔科医による麻酔科医のためのサイト)を運営
URL http://msanuki.com

最新 EndNote 活用ガイド
デジタル文献整理術 第 7 版　　〈検印省略〉

2003 年 5 月 29 日 第 1 版発行	2012 年 4 月 17 日 第 5 版発行
2005 年 8 月 22 日 第 2 版発行	2014 年 4 月 2 日 第 6 版発行
2007 年 9 月 15 日 第 3 版発行	2018 年 2 月 15 日 第 7 版発行
2009 年 10 月 1 日 第 4 版発行	

定価(本体 2,800 円+税)

著　者　讃岐美智義
発行者　今井　良

発行所　克誠堂出版株式会社
　　　　〒 113-0033　東京都文京区本郷 3-23-5-202
　　　　電話(03)3811-0995　振替 00180-0-196804
　　　　URL　http://www.kokuseido.co.jp/

DTP　月明組版
印刷・製本　株式会社シナノパブリッシングプレス

ISBN978-4-7719-0496-5 C3040 ￥2800E
Printed in Japan　© Michiyoshi Sanuki, 2018

・本書の複製権・翻訳権・上映権・譲渡権・公衆送信権(送信可能化権を含む)は克誠堂出版株式会社が保有します。
・本書を無断で複製する行為(複写,スキャン,デジタルデータ化など)は,「私的使用のための複製」など著作権法上の限られた例外を除き禁じられています。大学,病院,診療所,企業などにおいて,業務上使用する目的(診療,研究活動を含む)で上記の行為を行うことは,その使用範囲が内部的であっても,私的使用には該当せず,違法です。また私的使用に該当する場合であっても,代行業者等の第三者に依頼して上記の行為を行うことは違法となります。
・JCOPY <(社)出版者著作権管理機構　委託出版物>
本書の無断複写は著作権法上での例外を除き禁じられています。複写される場合は,そのつど事前に(社)出版者著作権管理機構(電話 03-3513-6969, Fax 03-3513-6979, e-mail: info@jcopy.or.jp)の許諾を得てください。